总主编 周卓平 蒋 柯

做情绪的主人

情绪管理与健康指导手册

第三册

危机干预

本册主编 王志琳

上海教育出版社
SHANGHAI EDUCATIONAL
PUBLISHING HOUSE

目录

认识心理危机

危机干预

【知识导图】

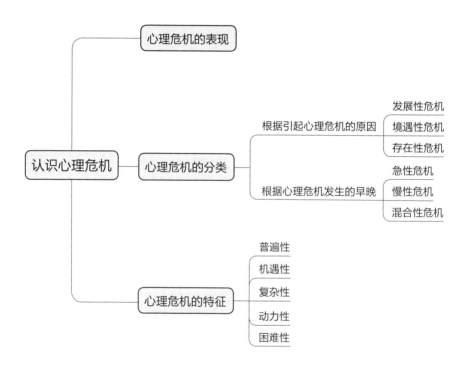

认识心理危机
├── 心理危机的表现
├── 心理危机的分类
│   ├── 根据引起心理危机的原因
│   │   ├── 发展性危机
│   │   ├── 境遇性危机
│   │   └── 存在性危机
│   └── 根据心理危机发生的早晚
│   ├── 急性危机
│   ├── 慢性危机
│   └── 混合性危机
└── 心理危机的特征
    ├── 普遍性
    ├── 机遇性
    ├── 复杂性
    ├── 动力性
    └── 困难性

炼狱般的痛苦一经超越，枝头绽放的将是爱与希望的花蕾。

——佚名

请先看以下这些表述：

1. 生活并不总是一帆风顺的。

2. 经历危机是可怕的。

3. 我相信挫折是经过包装的生命礼物。

4. 想到人终有一死，我会感到特别恐惧。

5. 死如同生一样，是人类存在、成长及发展的一部分。

6. 如果我真诚坦荡地过完一生，那临终时就不会有什么遗憾了。

7. 人终将死去的事实促使我更加严肃地对待生活。

8. 我发现葬礼让人感到很压抑。

9. 当经历失去时，我允许自己彻底地悲伤难过。

10. 主动追求人生的意义，是对自己的生命真正负责。

以上这些观点，有些是积极的，有些是消极的。

希望阅读完本册，您对这些表述有更多思考和自我觉察。

在生活中，心理危机是时刻存在的，当个体面临某一突发事件或境遇，惯用的处理方式和已有的社会支持系统不足以帮助个体应对处境时，个体就会暂时处于心理失衡状态。

如果个体长期处于心理失衡状态，并且得不到调整，那么就会严重影响心理健康，并给个体带来持久的心理创伤和不良的社会影响。如果个体采取积极行动应对心理危机，那么就能够重获稳定、平衡的心理状态，还能从"经历"中学会处理心理危机的方法和策略，心智发展逐渐成熟。

因此，对个体来说，心理危机带来的心理失衡状态既是危险，也是机遇，这完全取决于个体如何对待和应对心理危机。

卡普兰（Gerald Caplan）1964 年首次提出心理危机理论。卡普兰认为，当个体面临突然、重大的生活困境时，个体先前的处理方式和惯常的支持系统无法帮助个体应对当前的处境，即当个体必须面对超出其处理能力的困境时，个体就会产生暂时的心理困扰，出现心理失衡，这一暂时的心理失衡状态就是心理危机。

简言之，"危机"一词中蕴含了双重含义：一是"危"，即发生了突发事件，即事件发生得出人意料，例如，大地震、水灾、空难、疾病暴发、恐怖袭击、战争等；二是"机"，即个体遭遇重大事件或变化，处于紧急状态，个体感到难以解决，平衡状态被打破，正常生活受到干扰，内心紧张积累，继而出现无所适从，甚至出现思维和行为紊乱，但是在不平衡和紊乱中又蕴含了成长的机会。

危机意味着个体平衡、稳定的状态破坏，心理出现混乱和不安。危机出现是因为个体意识到某一事件和困境超出了他的能力范围，而不是因为个体经历的事件本身。

心理危机的表现

当个体处于心理危机状态时，个体必然会出现一系列的身心反应，表现在生理、情绪、认知和行为等多个方面。

生理方面。当个体处于心理危机状态时，个体可能出现以下生理反应，例如，心跳加快、血压升高、肠胃不适、腹泻、食欲下降、出汗或打寒战、肌肉抽搐、头痛、耳朵发闷、疲乏、过敏、失眠、做噩梦、易惊吓、头昏眼花或晕眩、感觉呼吸困难或窒息、梗死感、胸痛或不适、肌肉紧张等。

情绪方面。情绪变化与个体对结果的预测和评价有关，如果个体能够顺利应对心理危机事件，那么个体将获得愉快的心理体验。如果个体应对失败，那么个体将产生各种负面情绪，如焦虑、抑郁、愤怒、害怕、恐惧、怀疑、不信任、沮丧、悲伤、易怒、绝望、无助、麻木、否认、孤独、紧张、不安、烦躁、自责、过分敏感或警觉、无法放松、持续担忧、害怕即将死去等。焦虑是心理危机状态中最常出现的反应，焦虑指向于未来，有不确定感。当个体预期将要发生危险或出现不良后果时，个体还会出现紧张、恐惧和担心等情绪。当然，适度的焦虑、紧张、恐惧和担心可提高个体的警觉水平，提

记下你的心得体会

高个体对环境的适应能力和应对能力。然而，过度焦虑、紧张、恐惧或担心，则使个体的适应能力和应对能力下降。恐惧是"极度的"焦虑反应。当个体处于恐惧状态时，个体的意识、认知和行为均发生改变，并伴随强烈的自主神经系统功能紊乱，几乎丧失有效反应的能力。

认知方面。当个体处于心理危机状态时，个体会对环境变化、自身的资源和反应结果进行认知评价。如果反应结果对自身有利，那么会增强个体的自信和自尊，对自己的评价会趋于正面，对环境的评价也趋于正面，会增加个体在未来生活中克服困难的信心。如果反应结果对自身不利，那么会降低个体的自信和自尊，对自己的评价会趋于负面，对环境的评价也趋于负面，会降低个体在未来生活中克服困难的动机和信心。当个体处于心理危机状态时，个体还常出现记忆困难或混淆、注意力不集中、犹豫不决、缺乏自信、无法作决定、健忘、效能降低、计算和思考出现困难、不能把思想从危机事件上转移开来等。

行为方面。当个体处于心理危机状态时，个体不能专心学习、工作或劳动，社交退缩、沉默、情绪失控、行为习惯发生改变、过度活动、没有食欲或暴饮暴食、逃避与疏离、容易自责或怪罪他人、不易信任他人、与人易发生冲突等。个体有可能出现破坏性行为，严重时可出现自伤或自杀倾向。

需要特别指出的是，以上四方面表现均为个体面对危机事件时非正常的"正常"反应。因此，不要拒绝和否认上述诸多状态，而应该加以接纳，接纳之后方可集中心智能量来应对当前的危机情境。

心理危机的分类

根据引起心理危机的原因

根据引起心理危机的原因，可将心理危机分为发展性危机、境遇性危机和存在性危机。

1. 发展性危机

发展性危机也称内源性危机、内部危机或常规性危机，指正常成长和发展过程中的

8

急剧变化或转变导致的异常反应。

例如，埃里克森（Eric Erikson）认为，人生由一系列连续的发展阶段组成，每个发展阶段都有其特定的身心发展"课题"。当个体从一个发展阶段转入下一个发展阶段时，原有的行为和能力不足以完成新的身心发展"课题"，而新的行为和能力尚未建立起来，这种发展阶段的转变常常会使个体处于行为和情绪混乱、无序的状态。例如，儿童与父母的分离焦虑、身心发育急剧变化的青少年的情感困惑、青年期的职业选择和经济拮据、对婚姻生活缺乏足够心理准备的新婚夫妇夫妻关系紧张、缺乏足够育儿本领的父母第一个孩子诞生后手忙脚乱；中年人的职业压力、下岗失业危机、婚姻危机、子女离家、父母死亡；不习惯退休生活的老人、身体衰老、配偶离去、疾病缠身等。如果没有及时培养新的能力应对新角色提出的要求，每个人都可能出现发展性危机。如果一个人没有及时建设性地解决某一发展阶段的发展性危机，未来的成长和发展就会受阻碍，就会"固着"在那一发展阶段。

记下你的心得体会

发展性危机被认为是常规发生的、可以预期的、独特的、在生命发展各个时期都可能存在的危机。诚然，个体有足够的时间和机会对发展性转变作出适应性调整，例如，获得相关信息、习得新技能、承担新角色，这会减小发展性危机对个体心理的冲击和损害。但是，如果个体缺乏处理危机的经验、耐受挫折的能力差、缺乏自信心和支持系统等，发展性危机对个体的冲击性可能会带来严重的后果。

2. 境遇性危机

境遇性危机也称外源性危机、环境性危机或适应性危机，指由外部事件引起的心理危机，即由个体无法预测和控制的罕见或超常事件引起的心理危机。例如，大地震、火灾、洪水、海啸、龙卷风、流行疾病、空难、战争、恐怖事件等。境遇性危机具有随机性、突然性、意外性、震撼性、强烈性和灾难性的特点，会对个体或群体的心理造成巨大影响。例如，2008 年 5 月 12 日发生的汶川大地震给民众带来的心理危机就是典型的境遇性危机，这一事件发生突然，影响面广、程度深、时间长。

卡普兰根据危机产生的原因，进一步将境遇性危机分为三类:（1）丧失一个或多个满足基本需要的资源。具体形式的丧失，如亲人亡故、失恋、分居、离婚、使人丧失活动能力的疾病、丧失肢体完整性、被撤职、失业、丢失财产等；抽象形式的丧失，如丢面子、失去别人的爱、失去归属感、失去特定身份和地位等。丧失引起的典型情绪是悲痛和失落。（2）丧失满足基本需要资源的可能性。如得知自己有可能下岗或离退休等。（3）生活变化对个体原有能力提出更高挑战。常见的情况是本人地位、身份及社会角色发生了改变，向个体提出超过个体原有能力的要求。例如，由中学升大学的新生适应期、毫无准备的职位升迁或外派等。变化导致的典型情绪是焦虑、失控感和挫折感。

无论哪种境遇性危机都有以下四个共同特点:（1）心理危机当事者有异乎寻常的内心体验（情绪），伴有行为和生活习惯的改变，但无明确的精神症状，不构成精神疾病。（2）有确切的生活事件作为诱因。（3）面对新的难题和困境，心理危机当事者过去的行为或举措无效。（4）持续时间相对短，大约持续几天或几个月，一般以4—6周居多。

3. 存在性危机

存在性危机指伴随重要的人生问题，如人生目的、责任、独立性、自由和承诺等出现的内部冲突和焦虑。存在性危机可以基于现实，可以基于思考，可以让个体产生压倒性的持续的空虚感、生活无意义感和后悔的感觉。例如，一个40岁的人从未做过有意义的事，没有任何成就，没有产生过任何影响；一个50岁的人，一直独身并与父母住在一起，从未独立生活过；一个60岁的人觉得退休生活毫无意义。由存在性危机导致的空虚感无法以物质来弥补。

根据心理危机发生的早晚

根据心理危机发生的早晚，可以将心理危机分为急性危机、慢性危机和混合性危机。

1. 急性危机

由突发事件引起，心理危机当事者产生明显的生理、心理和行为紊乱，若不及时干预会影响心理危机当事者的身心健康，甚至出现伤人或自伤行为，需要直接和及时地予以干预。

2. 慢性危机

由长期、慢性生活事件导致。例如，有一个抑郁症患者，在他4岁时他的哥哥自杀身亡，家庭气氛异常紧张，令人窒息。自从哥哥自杀去世以后，他的家也失去了往日的欢乐，他也失去了父母对他的关爱。该患者自言，当时家里没有一句多余的话，如果谁在无意中提到哥哥自杀这件事，要遭到严厉呵斥。原来慈爱的父亲变得性格暴躁，原本性格内向的母亲变得更加不爱讲话，家里气氛非常沉闷。这位抑郁症患者非常聪明、敏感，回忆当年的情景感到异常痛苦。20多年过去了，当年的情景和内心的体验依然非常深刻，且记忆犹新。他的父亲和母亲沉浸在失去儿子的痛苦之中，完全没有意识到他们还有责任——抚养其他未成年孩子并减少

记下你的心得体会

事件对孩子的负面影响，防止孩子出现慢性危机。

慢性危机当事者需要接受较长时间的心理咨询和治疗，并需要发展出适当的应对机制，一般需要转诊给专业的心理咨询工作者。

3. 混合性危机

在现实生活中，很多情况下都是多种因素混合导致个体出现心理危机。例如，一位创伤幸存者的酒精依赖问题、失业人员的抑郁问题、婚外恋人员的家庭暴力问题等。面对处于混合性危机的当事者时，情绪管理师一定要分清主要心理危机和次要心理危机。

【知识卡】

儿童心理健康危机在"扩大"？

联合国秘书长古特雷斯在可持续发展高级别政治论坛组织的一次关于心理健康和福祉的活动中指出，世界上一半的儿童每年都会经历某种形式的线上和线下暴力，对他们的心理健康造成"毁灭性和终身的影响"。与此同时，心理健康服务长期以来一直受到忽视，又存在投资不足的问题，导致获得所需服务的"儿童少之又少"。

古特雷斯认为："新冠大流行使这个问题变得更加严重。数百万儿童失学，增加了他们遭受暴力和精神压力的脆弱性，同时服务遭到削减或被转移到网上进行。"因此，古特雷斯认为："当我们考虑投资于强劲复苏时，支持儿童的心理健康必须是一个优先事项。"

古特雷斯敦促各国政府采取预防措施，通过为儿童和家庭提供强有力的社会保护来疏解导致心理健康问题的一些决定因素。其中，心理健康和心理社会支持，以及基于社区的护理方法，是"全民健康覆盖的组成部分"，不能被遗忘。

资料来源：天下快讯（2021年07月09日）

心理危机的特征

心理危机影响广泛，不同群体存在不同心理危机，同一群体的不同时期也可能存在同一心理危机。心理危机存在普遍性、机遇性、复杂性、动力性和困难性五个特征。

普遍性

心理危机的产生、发展及激化包括复杂、微妙的心理变化过程。几乎每个成长中的个体都经历过不同程度的心理危机，心理危机并非"必然"导致极端性行为。事实上，心理危机并不神秘。从一定意义上讲，心理危机具有普遍性，每个人在成长过程中都会遇到心理危机，没有人能够幸免。虽然心理危机是人生中不可避免的，但只要把握机会、设定目标、形成计划、妥善处理，我们完全可以成功度过心理危机，这一点是不容怀疑的。

机遇性

心理危机中虽然蕴含着危险和挑战，但也蕴含着机遇和可能。

一方面，心理危机中蕴藏着危险和挑战，心理危机可能严重影响人的身心健康，导致个体出现严重的身体或心理疾病，包括对他人和自我的攻击；另一方面，心理危机中也蕴藏着机遇和可能，心理危机给个体带来的痛苦会驱使个体努力寻求帮助、解决问题，使个体获得成长。在心理危机状态下，如果个体能成功把握心理危机，及时、适当、有效地处理或干预心理危机或寻求他人的帮助，个体可能学会新的应对心理危机的技能，不但能重新获得心理平衡，还能进一步获得心理上的成熟和发展。成功解决心理危机能使个体从心理危机中获得经验，真实把握生活现状。重新认识过去的冲突，学会更好地处理和应对危机的策略和手段，这就是心理危机中蕴藏的机会。

没有危机，自然就没有成长。

如果个体能够有效地利用心理危机，就会在心理危机中逐步成长并达到自我完善的目的。

复杂性

心理危机是复杂的。心理危机可以是生物性危机、环境性危机和社会性危机，也可以是情境性危机、过渡性危机和社会文化结构性危机。造成心理危机的原因可能是生理的，也可能是心理的和社会性的。另外，由

记下你的心得体会

17

于个性不同，个体面临心理危机时，也会采取不同的反应形式。例如，有的心理危机当事者能够有效应对心理危机，并从中获得经验，使自己变得成熟；有的心理危机当事者虽然能够度过心理危机，但并没有真正地获得解决问题的能力，在以后的生活中，心理危机导致的不良后果还会不时地显现出来；有的心理危机当事者在心理危机开始时就崩溃了，如果不提供及时、有效的帮助，心理危机就可能对心理危机当事者产生有害的、难以预料的影响。

动力性

个体经历心理危机时，总是伴随着焦虑和冲突，这些情绪导致的紧张为个体的变化提供了"动力"。有人把心理危机看作成长的"催化剂"，让个体打破原有的定势或习惯，唤起新的反应，寻求新的解决问题的方法，增强挫折耐受性，提高适应环境的能力。比如，可在面对心理危机时采取"自救"措施：尽量保证充分的休息及合理的饮食；保持与他人联系，避免自我隔离；学会情绪调节措施；自我察觉、评估反应；及时宣泄不良情绪；寻求支持等。个体在成长和发展的过程中，可能会遇到各种各样的挫折，如果个体面对挫折时能及时调整自己，适应环境变化，形成发展动力，则会促进个体心理健康发展。

困难性

当个体处于心理危机状态时，个体拥有的可利用的心理能量降到了最低点，有些深陷心理危机的个体拒绝成长和改变。此时，危机干预者要帮助处于心理危机中的个体重建生活的信心，找到新的平衡。这就需要危机干预者运用专业的心理学理论知识和方法给处于心理危机状态的个体以专业的支持。常见的心理学方法有支持治疗、认知领悟疗法、家庭治疗、合理情绪疗法等。然而，无论哪种方法都有其独特的适用范围，没有通用的方法，危机干预者需要运用自己的专业知识进行判断。另外，有些心理危机愈后容易反复，治疗起来有困难。

【知识卡】

好书推荐:《恩宠与勇气:超越死亡》

推荐理由:《恩宠与勇气:超越死亡》是 2011 年生活·读书·新知三联书店出版的图书。无论作为讲述抗癌病人的故事,还是作为病人与照顾者的指南,抑或作为一则动人的爱情佳话,或者作为对世界伟大的智慧传统的理解、对生命意义的思考、对死亡与濒死的检视,以及对灵性发展意义的研究,这本书都是极为成功的。在这部死亡日记中,女主人公的叙述与男主人公的解说浑然一体,宛如对话、交流、相互解读,使主人公的内心体验成为真实的生命经验。

关于作者:肯·威尔伯,美国人本主义心理学家、哲学家。重要著作有《万法简史》《意识光谱》《性、生态与灵性》等。

内容梗概:美丽、活泼、聪慧的女子崔雅,三十六岁邂逅肯·威尔伯,彼此一见钟情,于是喜结良缘。然而,就在婚礼前夕,崔雅却发现患了乳癌,于是一份浪漫而美好的姻缘,引发出了两人共同挑战病魔的故事。他们煎熬了五年时间,因肿瘤恶化,不治而终。

在这五年的艰难岁月里，夫妻各有各的痛苦和恐惧，也各有各的付出；而相互的伤害、痛恨、怨怼，借由静修与修行在相互的超越中消融，并且升华到慈悲与智慧。在这个过程中，病者的身体虽受尽折磨，而心却能自在、愉悦、充满生命力，甚至有余力慈悲地回馈，读来令人动容。

小结

1. 心理危机普遍存在，当个体面临某一突发事件或困境，以往惯用的处理问题的方式和已有的社会支持系统不足以应对眼前处境时，个体就会产生暂时的心理失衡，处于心理危机状态。

2. 个体处于心理危机状态时，会出现一系列身心反应，主要表现在生理、情绪、认知和行为等多个方面。

3. 对个体来说，心理危机带来的心理失衡状态既蕴含着危险，也蕴含着机会，这取决于个体如何看待和应对心理危机。

反思·实践·探究

小张是一名在校大学生，因其性格、生活方式等方面的原因与宿舍同学相处不好，宿舍关系不和谐，影响了宿舍同学正常的学习和生活，宿舍人际关系亮"红灯"。小张是家中独子，出生后身体健康，但性格较为孤僻。小学期间，小张的父母离异，从此，小张觉得自己低人一等，生活没有乐趣，很少与同学来往，没有任何好友，性格也变得更加内向。小学六年级的时候，小张的父母复婚，小张的情况稍有好转。初中时，小张走读。高中时，小张的父母陪读。进入大学后，小张第一次过集体生活，没有集体生活的概念和经验，对大学生活的陌生导致小张无法接受理想与现实的差距。小张不合群现象较为严重，自恃清高，做事情特立独行，不顾及别人的感受，同学关系较为紧张，尤其与同宿舍同学更是相处困难。除小张外，小张宿舍里其余五名同学关系较为融洽，兴趣爱好也较相同。小张平时作息较为规律，按时起床，不睡懒觉，中午需要午睡，晚上十点准时就寝。小张睡觉时不准同宿舍其他同学发出较大声响，例如，不能播放音乐和电影，更不允许其他宿舍同学在他睡觉期间来宿舍串门。刚开始，室友都很配合，每次都关闭音乐或将声音调至最低。时间一长，同学们渐渐忍受不了了，每个人心里都或多或少有点意见。不到一个月，小张的室友不乐意了，他们认为每个人的作息时间是不一致的，小张的要求很过分，小张以自我为中心，从不考虑别人的想法，严重影响了宿舍的和谐，变相地限制了他们的自由，日常生活完全被打乱，宿舍矛盾逐步激化。

室友A脾气较为急躁，对小张的行为极度反感。某天中午，小张再次提出睡觉时不能发出声响的要求，A充耳不闻，装作没听见，并故意将音乐的声音调高。小张多次要求无果后，情绪开始变得激动起来，开始自言自语发泄情绪，不时迸出侮辱性的话。A对小张侮辱性的话很是恼火，加之早就对小张有看法，转过身大声指责小张。室友见此情形也都纷纷站在 A 一边。小张见自己的要求得不到理解，情绪更加激动，跳下床据理力争，场面火药味十足，矛盾正式爆发。

1. 此案例中，小张存在哪些心理危机？

2. 想一想，案例中心理危机产生的原因有哪些？

心理危机评估

危机干预

【知识导图】

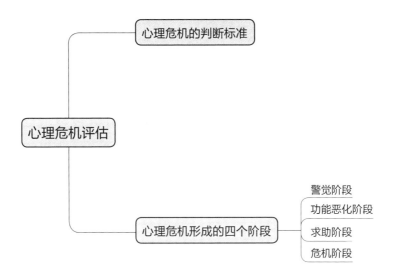

心理危机评估
- 心理危机的判断标准
- 心理危机形成的四个阶段
  - 警觉阶段
  - 功能恶化阶段
  - 求助阶段
  - 危机阶段

在了解心理危机之后，一个更重要的问题出现，我们知道了什么是心理危机！但是如何判断心理危机？又如何判断当事者所处的心理危机阶段呢？

这种判断，有无客观的依据、规范、流程？

要回答这个问题，让我们从一个案例开始。

小徐，男，22岁，2019年就读于某学院。该生入学之初表现较为正常，能与班级同学一起打球，讨论学习上的问题，特别热衷于探讨思政和哲学问题。上课期间，小徐通常都是自己一个人坐第一排。

大一下学期末，小徐的一门课程挂科，并且补考也没通过，这对一贯认真学习的小徐造成一定程度的打击。

此后，从大二开始，小徐开始拒绝与班级同学沟通，曾经一起打球的同班同学在路上遇到小徐并主动跟他打招呼，小徐也不予回应。小徐很少参加班级第二课堂的活动，每天早出晚归，课余时间都在图书馆看哲学类的读物，沉迷于自己的读书世界，不与人交谈，或者自己一个人躺在操场上，直到宿舍大门要关闭了才回宿舍。

大三开始，小徐的行为举止开始表现得更为异常。小徐受哲学读物影响很深，他尊崇的价值观与当前社会主流的价值观相悖，加之小徐不与同学交流，与他人无共同语言，因此多次发生退班级群，拉黑同学、老师、父母，在朋友圈发表异常言论以及失踪等事件。最后，在学院、老师和家长的共同努力下，小徐被送到某省立精神疾病医院接受专业检查。医生表示，小徐患有严重的精神疾病，需要立即住院，接受专业治疗。

考虑到小徐住院治疗的时间比较长以及小徐现阶段的心理健康情况，小徐及其家长主动为小徐办理了休学手续。

心理危机的判断标准

个体是否达到心理危机的程度，有以下三个判断标准。

第一，存在对个体有重大影响的生活

事件，如突然遭受严重灾难或承受重大精神压力。

第二，个体出现严重不适，引起一系列生理和心理应激反应。

第三，个体惯常的应对手段或方法无效，不能应对当前的情境。

例如，"9·11"恐怖袭击事件发生后，毗邻纽约世贸中心的美林证券公司员工经常出现情绪紧张、失眠严重等情况，纽约市消防局多人因精神过度紧张而请假，许多人靠服用安眠药和镇静剂才能维持正常生活。

心理危机形成的四个阶段

卡普兰将心理危机的形成过程分为四个阶段，即警觉阶段、功能恶化阶段、求助阶段和危机阶段。

警觉阶段

创伤性应激事件使心理危机当事者焦虑水平上升并影响其正常生活，因此个体会采取常用的应对机制来抵抗焦虑所致的应激和

29

不适，试图恢复原有的心理平衡。当一个人感觉自己的生活突然发生变化或即将发生变化时，他内心的平衡状态被打破了，个体的警觉性提高，体验到紧张的感觉。为了达到新的平衡状态，个体试图用习惯的解决问题的办法作出反应。处于警觉阶段的个体多半不会向别人求助，有时还讨厌别人对其处理问题的策略指手画脚。

功能恶化阶段

经过警觉阶段的尝试和努力，心理危机当事者发现习惯的解决问题的办法未能奏效，常用的应对机制不能解决目前存在的问题，创伤性应激反应持续存在，焦虑增加，生理和心理等紧张症状加重和恶化。心理危机当事者社会适应功能明显受损或减退。为了找到新的解决办法，个体开始用尝试错误的方法解决问题。在功能恶化阶段，心理危机当事者开始有了求助动机和求助行为，不过这时的求助行为只是尝试错误的一种方式。需要指出，高度情绪紧张会妨碍个体冷静思考，也会影响个体采取有效的行动。在功能恶化阶段，危机干预者应将干预重点放在帮助心理危机当事者处理紧张、焦躁的情绪上，并让心理危机当事者认识到，问题是可以得以解决的。

求助阶段

如果经过尝试错误仍未能有效地解决问题，心理危机当事者的情绪、行为和精神症状将进一步加重，心理危机当事者内心的紧张持续增加，更想设法寻求和尝试新的解决问题的办法，应用可能的应对或解决问题的办法，力图减轻心理危机和情绪困扰，包括寻求社会支持和接受危机干预等。在求助阶段中，心理危机当事者的求助动机最强，常常不顾一切，不分时间、地点、场合和对象地发出求助信号，甚至尝试过去认为荒唐的方式。例如，一向不迷信的人竟然去占卜。此时，心理危机当事者容易受暗示的影响。心理咨询师对处于求助阶段的心理危机当事者影响最大。

需要注意，在求助阶段，心理危机当事者会采取一些异乎寻常的无效行动来宣泄情绪，例如，饮食起居没有规律、酗酒、无目的地游荡等。这些行动不能有效地解决问题，还会损害心理危机当事者的身体健康，增加心理危机当事者紧张度和挫折感，并降低心理危机当事者的自我评价。因此，危机干预者首先应该帮助心理危机当事者停止这些无效行动，并与心理危机当事者一起寻找解决问题的新办法，危机干预者的角色是顾问，而非包揽一切的保姆。

危机阶段

如果经过前三个阶段，心理危机当事者仍未能有效地解决问题，那么心理危机当事者很容易产生习得性无助，并失去信心和希望，甚至开始动摇和怀疑生命的意义。很多心理危机当事者在危机阶段应用不恰当的心理防御机制，使问题悬而未决，并出现明显的人格障碍、行为退缩和精神疾病等。有的心理危机当事者在危机阶段企图自杀，希望以死来摆脱困境和痛苦。强大的心理压力有可能触发个体从未完全解决的，被各种方式掩盖的深层次的内心冲突。有的心理危机当事者在危机阶段精神崩溃和人格解体。在危机阶段，心理危机当事者特别需要通过外援性的帮助（包括家人、朋友和心理治疗方面的专业人员）渡过危机。危机干预者在这一阶段需要做两个方面的工作：（1）通过交谈促进心理危机当事者流露情感，加深对自己处境和内心情感的理解，使心理危机当事者在与危机干预者交流的过程中恢复自信和自尊。（2）危机干预者作为心理危机当事者的顾问，帮助心理危机当事者建设性地解决问题。

【知识卡】

评估心理危机的严重程度

请根据危机事件对个体情绪情感、认知和行为方面的损害程度，评估心理危机的严重程度（见表1）。心理危机评估量表既可用于个体自评，也可用于他评，即专业人士对心理危机当事者进行评估。

表1　心理危机评估量表

评估维度　损害程度	情绪情感	认　知	行　为
1 没有损害	· 心境稳定,情感可控,情感变化范围与日常生活相适应	· 决策合理有逻辑,注意力保持完整,对危机事件的感知和解释与实际相符	· 行为比较得体 · 日常功能没有受损 · 行为稳定无攻击性 · 无威胁或危险行为
2/3 少许损害	· 心境基本稳定,情感基本可控,情感变化范围适宜 · 对问题或要求会作出情绪化的反应 · 短暂情感到比情境要求更强烈的负面情绪 · 存在短暂的忧郁期	· 决策有点奇怪但比较合理,总体而言能考虑他人想法 · 思维受危机事件影响但尚能控制,能够进行合理的对话,虽然稍有困难,但还能理解和承认他人的观点 · 问题解决功能基本保持完整,想法可能会转向危机事件,但思维的关注点还在注意志力的控制之下 · 问题解决功能和决策能力受轻微影响,对危机事件的感知和解释大体上与实际相符,只有轻微的扭曲	· 行为基本得体,有轻度短暂的冲动行为 · 日常功能轻度受损 · 行为轻度不稳定,有轻度的攻击性 · 有问题行为,但对己无威胁 · 需要一定努力才能维持日常功能

评估维度 损害程度	情绪情感	认　知	行　为
4/5 轻度损害	·情感尚稳定，会出现明显的情绪波动和负面情绪 ·情绪尚能控制，但专注于危机事件 ·对问题或要求的反应变得缓慢、微弱或者快速、激烈 ·负面情绪加重且持续时间明显延长 ·有时会出现情绪失控	·决策尚未越不合理，但对人对己尚无危险 ·某种程度上不考虑他人的感受、想法和幸福 ·思维局限于危机事件，但不至于困在其中 ·无法认识不同的观点，进行合理对话的能力受限 ·问题解决能力有限，偶尔出现注意力不集中的情况 ·个体感觉对危机事件的侵入性思维的控制越来越弱，个体反复出现解决问题解和和决策困难 ·个体对危机事件的感知和解释在某些方面与实际不符	·行为不得体，但尚无危险 ·行为可自控或在危机干预者的要求下能够控制自己，但有一定困难 ·行为对人对己有轻度的威胁 ·个体会忽略一些日常生活所需完成的任务，日常功能在一定程度上受损

续　表

评估维度　损害程度	情绪情感	认　知	行　为
6/7 中度损害	• 情感主要是负面的，并且会导致大量负面情感，难以控制 • 对问题或要求的反应明显情绪化，但有一定程度的适应 • 通过努力能够控制情绪 • 情感反应与环境不协调 • 强烈的负面情绪持续时间延长 • 负面情绪严重程度明显加重	• 决策基本不合理，可能对人对己产生危险 • 越来越不考虑他人的想法、感受和幸福 • 思维局限于危机事件，并且困于其中 • 理解和回应问题的能力受损 • 注意力集中不集中 • 由于注意力不集中，问题解决有困难 • 对危机事件的侵入性思维控制能力有限 • 问题解决和决策能力受强迫、自我怀疑和混乱的不利影响 • 个体对危机事件的感知和解释与实际情况明显不符	• 行为适应不良，但无即刻的破坏性行为 • 在反复要求下也难以控制行为 • 行为对人对己有一定威胁并且越来越难以控制 • 维持日常功能的能力受损

续　表

评估维度 损害程度	情绪情感	认　知	行　为
8/9 明显损害	·情感无其鲜明或严重受限 ·难以控制负面情绪，全面影响生活 ·对问题或要求的反应尽最大的努力也不合时宜 ·负面情绪非常严重 ·情感反应明显与环境不协调 ·情绪波动极其明显	·决策冲动不合理，对人对己很有可能产生危险 ·对危机事件的思维变得强迫，表现出自我怀疑和混乱 ·理解和回应问题的能力极其不稳定 ·由于注意力无法集中，缺乏解决问题的能力 ·个体被有关危机事件的侵入性思维所困扰 ·受到强迫、自我怀疑和混乱的不利影响，个体的问题解决和决策能力严重受损 ·个体对危机事件的感知和解释与实际情况严重不符	·行为使得危机情境恶化 ·行为前后矛盾，即使在反复要求下也很难以控制 ·行为对人对己有威胁 ·明显缺乏维持日常功能的能力

续表

评估维度 损害程度	情绪情感	认知	行为
10 严重损害	·情感极其明显，从歇斯底里到毫无反应 ·没有控制情绪的能力，对自己或他人存在潜在的危险 ·情感被破坏，对问题或要求无法保持反应 ·代偿失调，有不真实感，就像在看电视一样 ·人格解体，觉得自己不是自己了	·决策能力完全丧失 ·思维对人对己有明显危险 ·思维混乱，完全被危机控制 ·丧失理解和回应问题的能力 ·除了危机事件根本无法保持注意力 ·个体受强迫，自我怀疑和混乱 ·折磨，丧失决策能力 ·个体对危机事件的感知和理解与实际情况根本不符，严重扭曲现实，可能存在妄想、幻觉以及其他精神病性症状	·行为完全无效 ·即使反复要求个体改变，个体的行为还是不稳定且不可预测 ·行为极具破坏性，可能对人对己造成伤害 ·无法完成日常生活所需的最简单的任务

资料来源：James, R. K., & Gilliland, B. E.（2019）. 危机干预策略. 肖水源，周亮，等，译校. 中国轻工业出版社.

小结

1. 心理危机的判断标准：一是存在对个体有重大心理影响的生活事件；二是个体出现严重不适感，引起一系列的生理和心理应激反应；三是心理危机当事者惯常的应对手段或方法无效。

2. 心理危机的形成有四个阶段：警觉阶段、功能恶化阶段、求助阶段和危机阶段。

反思·实践·探究

小王，女，大一新生，平时沉默寡言，经常独来独往，一次心理测评结果显示，小王属于一级心理预警水平。经了解，小王来自单亲家庭，父母离异多年，母亲离异后再婚并育有一子，继父赌博成瘾，母亲再次离婚，离婚后独自抚养儿子，经济状况较差。小王一直和父亲生活在一起，由于家庭经济压力大，小王的父亲常年在外打工，小王大多数时间是和爷爷、奶奶生活在一起的。小王的爷爷、奶奶有较严重的重男轻女的思想，对小王关心较少。拮据的经济条件、破碎的家庭关系、缺乏爱与关怀的家庭环境，再加上本来就比较胖的身材，让小王非常自卑，内心压力大，经常会没缘由地想哭，悲伤的情绪长期积压无法释放，长此以往，对小王的心理造成极大的影响。

心理测评结果出来后，小王的辅导员第一时间去了解小王的家庭背景、成长经历以及内心真正的想法。在与小王的谈话中，小王对辅导员说，他们家的房子是村子里最破旧的，由于夏季雨水较多，暑假时房子漏雨，屋子里的东西都被雨水淹了，而此时她的父亲还在外地打工，家里只有她和年迈的爷爷奶奶，当时她非常崩溃，心里反复在问"为什么我的生活这么不堪"，感觉没有活下去的勇气。在和辅导员谈话期间，小王止不住流泪。

1. 此案例中小王同学是否处于心理危机状态，如果处于心理危机状态，小王处于心理危机的哪一阶段？

2. 从心理危机的发生和发展过程来看，你会如何帮助小王同学？

心理危机干预

危机干预

【知识导图】

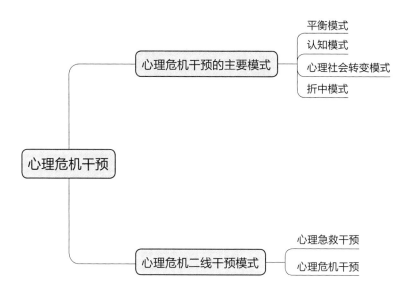

心理危机干预的主要模式

心理危机干预理论源于 20 世纪初美国、荷兰等国，近年来发展迅速。

"9·11"恐怖袭击事件发生后，美国的心理危机干预研究出现了一个关键的转折点。在"5·12"汶川大地震之后，我国的心理危机干预工作迅速得到重视，越来越多的学者加入心理危机干预的研究与实践中。

贝尔金(N. J. Belkin)等提出了三种基本的心理危机干预模式，即平衡模式、认知模式和心理社会转变模式，后来又出现了折中模式。

心理危机干预模式为不同的心理危机干预策略和方法奠定了基础，为心理危机干预的实践提供了理论依据。

平衡模式

平衡模式，也称平衡／失衡模式。平衡模式认为，心理危机使个体处于心理失衡状态，原有的应对机制和解决问题的方法不能满足他们的需要，干预目的在于帮助个体获得心理危机前的平衡状态。平衡模式最适合在心理危机早期开展，此时心理危机者失去了对自己的控制，分不清解决问题的方向且不能作出适当的选择，除非个人再获得一些应对的能力。此时，心理危机干预的重点应放在稳定心理危机当事者的心理和情绪方面，帮助他们恢复心理平衡状态。

认知模式

认知模式认为，心理危机植根于个体对事件和围绕事件的境遇的错误思维，而不是源于事件本身或与事件和境遇有关的事实。在心理危机事件中，持续的、折磨人的境遇使人衰竭，推动个体对境遇的感知向越来越消极的方向发展，直到个体再也不能使自己相信，在他们的境遇中还存在积极的成分。接着，个体会出现消极的否定性的行为，自以为对自己的境遇是无能为力的。这种消极的思维使心理危机持续存在下去。认知模式的基本原则是，通过改变个体的思维方式，尤其是使个体认识其认知中的非理性和自我否定部分，练习和实践新的思维，说服自我，使个体变得更积极，更肯定自我。通过获得思维中理性和积极的成分，人们获得对自己生活中心理危机的控制。认知模式最适合心理危机逐渐稳定下来并回到了接近心理危机前的心理平衡状态的求助者。

心理社会转变模式

心理社会转变模式认为，个体是在不断变化的社会环境中成长和发展的，心理危机不是一种单纯的内部状态，还受内、外因素的共同影响。心理危机的产生与内部（心理的）和外部（情境的）困难有关，心理危机干预的目的在于与心理危机当事者合作，以评估与心理危机有关的内部和外部困难，帮助心理危机当事者选择替代现有行为、态度和可用资源的方法，结合适当的内部应对方式、社会支持和环境资源，例如，同伴群体、家庭、职业、宗教和社区等，帮助心理危机当事者获得对生活的自主控制。心理社会转变模式最适合心理危机已经稳定下来的求助者。

记下你的心得体会

折中模式

折中模式以任务指向为基点，认为危机干预者应有意识地、系统地从所有危机干预方法中选择和整合各种有效的概念和策略来帮助求助者。在折中模式下，危机干预者的主要任务包括：（1）确定系统中所有有效的成分，并将其整合为内部一致的整体，使之适合需要阐述的行为资料；（2）根据已有的时间和地点，考虑所有相关的理论、方法和标准，以评价和处理临床资料；（3）不确定任何特别的理论，保持一种开放的心态，对得到成功结果的方法和策略进行实验。将平衡模式、认知模式、心理社会转变模式都纳入对每一种类型的心理危机的干预策略中。

折中模式包括两个普遍而深入的主题：（1）所有个体和心理危机都是独特的；（2）所有个体和心理危机都是类似的。

基于此，折中模式提出：（1）分阶段干预，即根据心理危机的形成阶段，将干预过程划分为不同的阶段，针对不同阶段心理危机的特点采取不同的干预措施与策略；
（2）特异性干预，即针对不同人群、不同应
激情境作深度拓展，发挥干预的特异性效
果；（3）整合干预，即整合不同的干预模式
和支持资源，使干预达到最佳效果。

心理危机二线干预模式

心理危机二线干预模式分为两部分：一
线干预，即心理急救干预；二线干预，即心
理危机干预。

心理急救干预

出现心理危机后，对个体的干预以心理
急救干预为主。

心理急救干预为心理危机当事者建立安
全感，减少相关应激症状，使心理危机当事
者能够休息并恢复身体状况，将心理危机当
事者与关键资源和社会支持系统联系起来。
心理急救干预的理论依据是马斯洛的需要层
次理论。干预首先考虑的是心理危机当事者
的生理需要。在为心理危机当事者提供进一

记下你的心得体会

步的心理危机干预之前，为心理危机当事者提供食物、住所、衣服，满足其基本生存需要。

心理急救干预的措施，包括八方面的核心行为。

接触与参与：对心理危机当事者发起的接触需求作出回应或以一种非侵入性的、富有同情心和帮助性的方式接触心理危机当事者。

安全与抚慰：加强即时及持续的安全保护，并给心理危机当事者提供物质和情感的抚慰。

稳定（若需要）：使情感受打击或处于迷茫状态的心理危机当事者平静下来，使心理危机当事者清楚当前的处境和要解决的问题。

收集信息：收集和确定心理危机当事者即时需求和担心，同时收集额外信息，确定需要采取的心理急救干预措施。

提供实际的帮助：为心理危机当事者提供实际的帮助，满足心理危机当事者即时的需求，解决心理危机当事者担心的问题。

衔接社会支持：帮助心理危机当事者

记下你的心得体会

与主要支持人员和其他支持者（包括家庭成员、朋友和社区人员）建立暂时和持久的联系。

提供应对信息：为心理危机当事者提供关于应激反应、降低痛苦、增强适应能力等方面的信息。

与协作服务联系：帮助心理危机当事者联系当前和将来需要的、可以利用的其他服务。

心理急救干预是非侵入性的，不主张讨论心理创伤事件。这是因为并非所有心理危机当事者都需要心理帮助，大多数心理危机当事者最初表现出来的类似心理创伤的症状，在短时间内会自行消除。

除了心理急救干预外，还需要其他措施来平复心理危机当事者波动的情绪，预防威胁生命的行为发生。这需要改变心理危机事件下心理危机当事者的认知，这就涉及心理危机干预的工作了。

让我们以下面这个例子来说明心理危机干预工作。从中，或许您可以看到，萨拉是如何为危机之下的利拉和孩子们提供从物质

记下你的心得体会

到心理的援助，如何倾听、陪伴、理解等。

武装冲突中的心理急救

那些士兵闯入利拉的村庄时，利拉带着两个年幼的子女躲藏在丛林中，但她的丈夫却没有那么幸运。利拉亲眼看着丈夫被士兵脱下衬衫，用厚重的军靴踢打，命令他跪在他们面前，并将他枪杀。随后，士兵烧毁村庄里的所有房屋。利拉在原地躲藏了近两个小时，即使看到士兵离开仍不敢出来。利拉的一个邻居也躲藏起来，她发现利拉并将她扶起，然后她们一同离开。

两人带着利拉的子女一起走了两日才到达一个营地，与其他逃过一劫的人一起接受治疗及心理急救。当她们进入营地时，一名义工带着关怀的微笑静静地走向她们。义工欢迎她们来到营地，并告诉她们无须再害怕。义工把她们带到一个帐篷，里面的人三三两两坐在一起，接受心理支持人员及义工的帮助。义工带她们去见心理支持人员萨拉。

萨拉请两名女士坐下，并问利拉能否让义工带她的子女到帐篷的另一边，跟其他儿童一起吃水果、听故事。利拉同意了。接着，萨拉问两名女士有没有遭受任何身体的伤害，两人都说自己没有受伤，但非常口渴，也非常饿。于是，萨拉为她们拿来水和食物。两人吃过东西并休息后，萨拉告诉她们，现在她们很安全，她需要问两人一些问题，以了解她们的需要和怎样为她们提供帮助。

萨拉温和地问两人来自哪个村庄，以及她们离开家园之后所经历的事。利拉回忆丈夫在自己面前惨遭杀害时开始哭泣，利拉的邻居也与利拉相拥而泣。萨拉再次安慰两人，表示自己明白这种经历非常痛苦。过了几分钟后，萨拉告诉现场的妇女，如果需要，她们可以一直留在营地，直至安全再返回村庄或者前往其他地方。

心理危机干预

心理危机干预即二线干预，指调动各种可利用资源，采取各种可能措施来干预或改善心理危机当事者的心理危机状态，限制乃至消除心理危机当事者的心理危机行为，挖掘处于心理危机中的心理危机当事者自身的潜能，立刻缓解甚至永久消除心理危机当事者的症状，使心理危机当事者的心理功能恢复到心理危机前的水平，并使心理危机当事者获得新的应对技能，以预防将来发生心理危机的风险。心理危机干预最终的目的是将心理危机带来的损害最小化，促进心理危机当事者的个人成长，最大化地促进并完善心理危机当事者的人格。所有积极有效的心理危机干预对于缓解心理危机事件对心理危机当事者的负面影响来说都是非常必要的。

一般而言，经历过心理危机的个体接受一系列有效的心理危机干预后，通常会变得更加积极，对自身的心理问题也会有更多了解。

具体步骤如下。

1. 心理危机干预评估

在整个心理危机干预过程中必须首先且持续考虑的是，评估心理危机当事者当前在以下方面的心理危机状况：应对能力、能动性、所需的支持系统、需要的资源、对自己及他人的危险程度。危机干预者依据对心理危机当事者心理危机状况的评估结果决定实施何种心理危机干预措施。

2. 心理危机干预任务

默认的首要的心理危机干预任务是：确认心理危机当事者安全。持续评估心理危机当事者、周围人员以及危机干预者所处环境的安全性。实施和执行能够确保危机中所有人，包括危机干预者的安全程序。

任务 1：初次接触。与心理危机当事者初次接触时要积极告知心理危机当事者危机干预者要做什么，心理危机当事者可以对危机干预者期待什么，以及在整个心理危机干预过程中危机干预者将怎样工作。

任务 2：探索问题。从心理危机当事者的角度确定并理解心理危机，确定问题，考虑心理危机对其情感、行为以及认知等方面的影响。探索在当下环境中，心理危机对心理危机当事者自身、人际和系统的影响。

任务 3：提供支持。发现曾经对心理危机当事者起作用的支持系统，探索当前可以使用的支持系统以及未来需要怎样的支持系

53

统。特别重要的是，需要考虑危机干预者作为主要的支持系统要起多大的作用，并告知心理危机当事者危机干预者将如何为其提供支持。

任务4：寻找替代方案。寻找可以减轻心理危机、弱化矛盾的短期方案。用现实高效的方式检查心理危机当事者目前可以获得的可选方案，包括寻找环境支持、提供应对策略、采取积极态度考虑问题，以及寻找侧重于实现短期目标的解决方案。

任务5：制订计划。制订积极的、可以实现的短期计划，并将其转化成实践性强的、心理危机当事者可以理解和执行的具体步骤。

任务6：获得承诺。从心理危机当事者那里获得对计划的口头或书面承诺，承诺必须是当事者能够理解的、认可的和可以实施的。

任务7：随访。危机干预者应进行即时和短期的随访，以确保计划正在进行以及心理危机当事者和其他相关人员的安全。

心理危机干预的目标在于帮助心理危机当事者克服心理危机，重建心理平衡，重新面对生活。心理危机干预包含三个层次的目标：一是帮助心理危机当事者减轻心理压力，降低自伤或伤人的危险性；二是使心理危机当事者重获心理平衡，心理功能恢复到心理危机发生前的水平，避免出现慢性适应障碍；三是提高心理危机当事者应对心理危机的能力，使心理危机当事者更加成熟。

【知识卡】

心理危机之余，如何帮助

如果你或你的朋友或亲人目前没有心理危机，但有心理困扰，想要获得一些帮助和心理健康的建议，那么以下五种方法也许可以帮助他。

第一，拨打心理危机干预热线。

第二，寻找适合的心理咨询师。

第三，参加线上或线下心理支持小组，获得同伴支持。

第四，及时向精神科医生或心理咨询师寻求帮助。

第五，与朋友、亲人或其他信任的人沟通。

需要注意的是，虽然上述五种方法能够解决眼前的紧急情况，但不能替代专业的心理危机干预，更不是一次解决所有问题的万能工具。因此，在你或你的朋友或亲人感到情绪低落甚至有自杀念头时，拨打心理危机干预热线只是第一步，它只能暂时缓解眼前的心理危机，随后还是要及时到专业的精神科医院就诊，在精神科医生或心理咨询师的指导下，接受后续的心理咨询或治疗服务。

可拨打以下心理援助热线：

中国心理危机与自杀干预中心救助热线：800-810-1117；010-82951332（24小时）

希望24热线——生命教育与危机干预中心：400-161-9995

全国青少年心理咨询热线：12355

全国妇女儿童心理咨询热线：12338

全国心理卫生热线：12320

卫生健康热线：12320

江苏省心理危机干预热线：025-83712977；025-12320转5（24小时）

陶老师热线：025-96111（24小时）

温州医科大学附属康宁医院24小时危机干预热线：400-800-9585

小结

1. 心理危机干预的主要模式包括平衡模式、认知模式、心理社会转变模式和折中模式。

2. 心理危机二线干预模式可分为两部分：一线干预，即心理急救干预；二线干预，即心理危机干预。

反思·实践·探究

小 Z，男，初中毕业，17 岁。2018 年 7 月，小 Z 因为服用老鼠药入院，在重症病房接受抢救。在此期间，社会工作者接触到小 Z 的妈妈兰姨。通过兰姨，社会工作者了解到，小 Z 早在 20 多天前就服用了老鼠药，服药 20 多天后才从深圳到东莞找他的妈妈兰姨。之后，小 Z 感到身体不适且开始尿血，病情严重，生命垂危，于是入院治疗，至今仍未脱离危险期。小 Z 不肯说出自己服用老鼠药的原因，服老鼠药背后发生的事情仍然是一个谜。兰姨向社会工作者求助，希望社会工作者能够帮助小 Z 走出当前的困境。小 Z 生长在单亲家庭，妈妈兰姨长期在外务工，母子之间沟通较少。小 Z 跟爷爷奶奶一起生活，爷爷奶奶年迈，妹妹年幼，可能导致小 Z 觉得自己缺少关爱。据小 Z 的同学表示，在小 Z 服老鼠药前的那一段时间，小 Z 一直饱受情感的困扰，曾找过同学喝闷酒，不能理性面对情感问题。

社会工作者跟小 Z 的主治医生了解了小 Z 的病情，确认小 Z 服用的是一种名为"毒鼠强"的化学药物，目前还在观察小 Z 凝血功能的恢复情况。之后，社会工作者跟小 Z 进行了接案会谈。社会工作者观察到，小 Z 的左手腕上有一处明显的刀割疤，怀疑小 Z 有过自杀史。目前，社会工作者还不能确定案主小 Z 具体的心理问题，以及为何选择用自杀的方式去解决他面临的困境。在会谈中，小 Z 表现得比较抗拒，眼神游离，不愿意多说话。最后，在了解了社会工作者的服务内容之后，小 Z 也只是点头同意社会工作者跟进，求助动机不强。

依据心理危机干预模式，本案例中社会工作者如何对小 Z 进行心理危机干预？

心理危机干预的实施

危机干预

【知识导图】

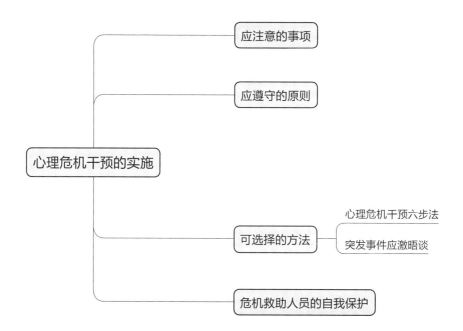

应注意的事项

第一，心理危机干预的焦点要始终放在解决心理危机当事者前来求助的当前问题上。

第二，当事者由于痛苦和困惑前来寻求帮助，心理危机当事者强烈希望改变自身的状态，危机干预者要充分利用心理危机当事者的这种求助动机和愿望。

第三，在心理危机干预过程中，危机干预者唤起的心理危机当事者遭受挫折的感受、思想、记忆和情感，可能会引起危机干预者强烈的情感共鸣。这种情感共鸣可能负载了过多的悲伤，给危机干预者带来心理危害。因此，危机干预者对心理危机当事者的情感投入应适当，避免把心理危机当事者的危机当成自己的危机。

第四，重视心理危机当事者的积极参与。危机干预者始终要向心理危机当事者传递这样的信息：我们能够一起解决这个问题，但并非轻而易举就能做到，我将尽力做好我能做的一切，你也要积极参与。

第五，充分调动和有效利用心理危机当

记下你的心得体会

61

事者的社会支持系统。

第六，心理危机干预结束，危机干预者要给心理危机当事者传递一个信念，即相信心理危机当事者今后不会遇到与过去类似的困难，即使遇到困难，也会有人帮他一起度过。

应遵守的原则

第一，迅速确定要干预的问题，强调以当前的问题为主，并立即采取相应措施。

第二，心理危机当事者的家人或朋友必须参加心理危机干预。

第三，鼓励心理危机当事者要自信，不要让心理危机当事者产生依赖心理。

第四，把心理危机作为心理问题而不是疾病处理。

可选择的方法

心理危机干预六步法

一般来说，心理危机干预常用的是六步法。心理危机干预六步法是吉利兰（Burl

E. Gilliland）和詹姆斯（Rachard K. James）提出，包括确定问题、保证求助者安全、给予支持、提出并验证可变通的应对方式、制订计划和得到承诺六步。

我们以学校日常心理辅导中一个抑郁症的案例来逐步分析。

1. 案例基本情况

学生 XY，女，17 岁，某中职学校高三在读学生。XY 曾两次在心理危机筛查中显示异常，最近一次心理危机筛查结果显示，XY 的心理危机预警级别为橙色（红色、橙色、黄色分别代表不同的危机等级，红色危机程度最高，为第一级，橙色为第二级，黄色为第三级），存在睡眠和情绪问题，偶有自杀想法，但 XY 一直不愿意与人沟通，不愿意接受心理辅导，也不愿接受学校心理辅导老师的评估。XY 的家长认为，XY 只是青春期的情绪波动，无须过度关注。近期，XY 经常感到情绪低落和压抑，时有哭泣，难以控制。XY 听取班主任的建议，预约了学校的心理辅导。在心理辅导过程中，心理辅导老师了解到 XY 长期情绪低落，感到压抑，近期常莫名哭泣，在与好友相处时常感到不舒服和烦躁，有压力感。最近几天多次情绪崩溃而无法自控，有焦虑感、无力感和自杀念头。

2. 心理危机干预六步法的具体运用

心理危机干预六步法的前三步——确定问题、保证求助者安全和给予支持——主要是危机干预者通过尊重、倾听、同理、真诚和接纳等技术，为心理危机当事者营造一种安全的氛围，后三步——提出并验证可变通的应对方式、制订计划和得到承诺——主要是危机干预者采取积极的应对方式，对心理危机当事者进行日常心理危机干预。

（1）确定问题

心理危机干预的开始阶段，危机干预者一般都会了解心理危机当事者当前的心理处境和求助的原因，类似 XY 这种有求助意愿的心理危机当事者，可以通过开放性问题直接询问心理危机当事者，以确定其面临的问题。

心理辅导老师：据班主任反馈，你最近状态不好，感觉失控了，具体发生了什么事？

64

XY：我也不知道自己怎么了，最近我情绪低落，很压抑，每天都想哭，感觉自己要失控，这几天已经崩溃了几次，特别难受。其实我在初三下学期就开始出现情绪问题了，当时有一个同班好友是同性恋，她有女朋友，但是后来她喜欢上我，向我表白并一直纠缠我，她的女友也曾找过我，埋怨我导致她们的关系出问题。当时我被纠缠得很不舒服，也觉得愧疚，不知道怎么处理，只想着赶快毕业，不在同一所学校就好了。升入高一后，因为没有再与这位同班好友联系，我的状态好了一些，但高二时，我的状态又突然变差，一直到现在，我经常不开心。最近我经常哭，对好友也很不耐烦，和好友在一起我感觉不舒服，有压力，但不在一起又没有伴儿。不知道我怎么会变成今天这样。其实我爸妈挺疼我，我也没有经历过什么大的事情，我和爸妈聊过，他们也觉得不能理解为什么我会不开心，我不知道该怎么办。

在确定问题过程中，心理辅导老师通过倾听、同理和具体化等技术，初步判断XY

面临的主要问题是抑郁和人际压力，并在交流过程中感到 XY 有无助感，对自己的状态感到焦虑。

（2）保证求助者安全

在心理危机干预过程中，危机干预者要将心理危机当事者的生命放在首要位置，要对心理危机当事者的心理危机情况进行初步评估，了解其自残、自杀或伤害他人的冲动程度等，确保心理危机当事者和他人的安全，必要时采取有效措施。危机干预者不要避讳谈自残、自杀等问题，尤其在心理危机当事者曾存在或正存在自残、自杀的想法或自杀未遂的举动时，危机干预者可以直接询问心理危机当事者，给他谈论自杀的机会，让他表达自己的感受，这可以缓解心理危机当事者的孤独感，并减少其耻辱感，同时使其知道自己需要什么，从而能为其提供资源和支持。危机干预者也可以了解心理危机当事者自杀观念的严重程度，加强防范，严防心理危机当事者出现自杀或者伤人、杀人的行为。

XY 案例的评估过程如下：

心理辅导老师：当你情绪低落和压抑时，你伤害过自己或者有过不想活下去的念头吗？

XY：像割手臂那种伤害自己的事，没有过，但是我想过死，不过现在我已经没有高二时候想得那么频繁，也没有采取过行动。

心理辅导老师：你当时一定很难受和害怕吧，你是怎样坚持下来的？

XY：就是告诉自己要忍住，不要让家人伤心。其实，我现在真的只是偶尔会想到死。

心理辅导老师：想起家人让我们有了坚持的力量。如果给自己的自杀冲动打分，0分是完全没有自杀冲动，10分是自杀冲动到极致，完全不可控。你会给近期最强的一次自杀冲动打多少分？

XY：最近感觉自杀冲动最强烈的那次应该有7分吧。

心理辅导老师：当时自杀的冲动已经比较强烈了。那此时此刻，在我们聊天的过程中，如果再请你给你的自杀冲动打分，你会打多少分呢？

XY：三四分吧，其实现在我感觉还是比较平静的。

在心理辅导过程中让心理危机当事者给自己的情绪或者冲动打分，有助于心理辅导老师较直观地初步评估心理危机当事者的心理状况。在 XY 的案例中，XY 虽有自杀风险，但短时间内选择自杀的可能性不太高，暂时可控。

（3）给予支持

危机干预者通过与心理危机当事者沟通交流，建立良好的关系，使心理危机当事者感到心理辅导老师是完全可以信任的，是能够为其提供关心和帮助的人。需要特别注意的是，在给予支持这一过程中，要完全接纳心理危机当事者的感受，不要去评价他的经历和感受，而是让他相信"这个人是关心我和理解我的"。

心理辅导老师通过开放问题、具体化和同理等技术创造让 XY 可以放心倾诉的氛围，XY 感受到了安全和心理辅导老师的支持，开始谈及其他的一些内心感受，其中，XY 多次提到家人很关心她，但她不知道自己为什么总是情绪低落，也表达了对自己恢复的不自信，体现出她的自责倾向和对现状的焦虑。

（4）提出并验证可变通的应对方式

一般情况下，心理危机当事者的思维容易受限，表现为思维不灵活，无法作出最佳判断和选择，甚至会有强烈的无助感和无力感，因此危机干预者需要提出多种可以变通的应对方式让心理危机当事者选择，让心理危机当事者感到"有路可走"和"问题可以解决"。常见的变通方式可以从环境支持、应对机制和积极而有建设性的思维方式这三个途径进行。具体操作层面，可以通过专业的心理测试问卷进行评测，向心理危机当事者提供抑郁症的相关信息，或者告知求助资源等。危机干预者提供这些应对方式时，可以根据心理危机当事者的实际情况与需要选择适合的几种即可，不必过多。

在 XY 的案例中，心理辅导老师根据 XY 的肢体语言和自述内容等相关信息估计 XY 情绪低落的持续时间，初步判定 XY 有抑郁的可能。一般情况下，在心理辅导过程中，心理辅导老师会尽量避免给心理危机当事者贴心理问题的标签，更不会轻易将这种心理问题的标签告知心理危机当事者，但考虑 XY 情绪低落且无法自我调控已经持续一年多，并伴有焦虑感、无力感和自杀念头，将疑似抑郁状态的情况告知 XY 更有利于她缓解焦虑感和无力感，让她从"不知道自己怎么了"和"不知道可以怎么办"转向"哦，原来是抑郁了"。当 XY 明白自己的状态是怎么一回事后，就等于明确了自己的努力方向，有了明确的"敌人"，然后产生与之"战斗"的信心，也就有了希望。这时，心理辅导老师向 XY 提供与抑郁相关的信息，增强了 XY 的希望和信心。

记下你的心得体会

心理辅导老师为 XY 提供了以下三方面信息：第一，抑郁症常见的和主要的表现。抑郁症是一种可以治愈的精神障碍。心理辅导老师在为 XY 提供与抑郁症有关的信息时，特别注意语言表述的客观性和自然性，并对治疗效果作科学的说明，让 XY 感到自己被接纳和理解。第二，心理辅导老师告诉 XY，你不是"特例"，这个世界许多人都有抑郁方面的问题，为了治愈抑郁症，科学家已经尝试了许多方法，并找到了一些有效的治疗方法，如心理治疗和药物治疗，且都有很好的治疗效果。第三，当地有很多可靠的医疗机构和优秀的心理医生可以为 XY 提供帮助，如果需要接受药物治疗，也有很多药物可供选择。心理辅导师为 XY 提供了相关医疗机构的地址、预约电话和相关医生的简介。

在这一过程中，一般的心理危机当事者会逐渐稳定情绪且看到希望，产生求医的意愿，也明确除了自杀、忍耐外，还有其他科学的、理性的途径和方法可以帮助其走出心理困境。

（5）制订计划

在制订计划的环节，危机干预者和心理危机当事者共同制订接下来的行动计划，以帮助心理危机当事者调整心理失衡的状态。这时需要注意的是，危机干预者在制订计划时要考虑心理危机当事者在这方面是否存在困难。在 XY 的案例中，XY 需要接受专业的诊断和治疗，这需要得到 XY 家长的支持与配合。然而，XY 认为自己在这方面存在困难，因为以她的经验来判断，她的父母很有可能会认为她矫情或者"作"。因此，心

记下你的心得体会

理辅导老师跟 XY 协商后，通过班主任联系了 XY 的父母，心理辅导老师与 XY 的父母沟通了 XY 目前的状态、处境和接下来的计划，让 XY 的家长理解 XY 的状态和处境，强调当前最重要的就是尽快让 XY 接受专业的诊断和治疗，缓解 XY 的抑郁状态，让 XY 恢复正常。心理辅导老师明确了以下安排：第一，让 XY 到专业的精神卫生中心的心理门诊接受诊断和治疗（在 XY 未离校前，XY 的班主任在保护 XY 个人隐私的情况下，作好 XY 的安全陪护工作）。第二，根据精神科医生的诊断，让 XY 接受心理或药物治疗。第三，根据精神科医生的建议，决定是在家休息治疗，还是回到学校边学习边治疗，回到学校后，XY 可以在自愿的情况下到学校的心理辅导中心接受心理辅导。

XY 的问题显然已经超出学校心理辅导中心的工作范围，必须进行转介，这是对 XY 负责的安排。转介不意味着置之不理，而要根据 XY 的就诊和就诊后的情况作下一步安排。此外，有些心理危机当事者在制订计划环节遇到了经济方面的问题，这个实际困

记下你的心得体会

难，心理辅导老师无法也不应卷入过多，但可以通过了解学生的日常生活情况，寻求一些可能的解决途径，例如，医疗保险、助学金或社区资源等。

（6）得到承诺

得到承诺这一环节比较简单，是在较好完成制订计划后顺势进行的。危机干预者让心理危机当事者复述一下制订的计划，明确实施计划时是否达成了同意合作的协议，必要时让心理危机当事者在就医前且在校时作出若再次出现无法控制的情绪低落或有自杀冲动时及时求助和不伤害自我的承诺。

资料来源：潘施杏 .（2021）. 心理危机干预六步法在抑郁案例中的运用 . 中小学心理健康教育. 6，4. 引用时有修改。

突发事件应激晤谈

突发事件应激晤谈（critical incident stress debriefing，简称 CISD）最初是用于维护处理应激事件的危机干预者的身心健康，现已开始用于干预遭受各种创伤的心理危机当事者，成为危机干预的一个

基本方法。由曾任消防员和军医的米切尔
（Jeffrey Mitchell）博士提出。

突发事件应激晤谈的基本方针是：防止
或降低心理创伤当事者创伤性症状的激烈度和
持久度，并迅速使个体恢复常态。突发事件
应激晤谈可分为非正式援助和正式援助两种。

非正式援助指由受过训练的专业人员在
现场进行急性应激干预，整个过程大约需要
一个小时，而正式援助则分 7 个阶段进行，
通常在危机发生的 24 或 48 小时内进行，一
般需 2—3 个小时。

突发事件应激晤谈的具体步骤包括：

介绍期。危机干预者和心理危机当事者
相互自我介绍，危机干预者说明突发事件应
激报告法的规定，强调保密性，并获得心理
危机当事者的信任。

事实期。要求心理危机当事者从自己的
角度出发，提供危机发生时的一些具体情况。

感受期。鼓励心理危机当事者表露自己
关于事件的最初的想法和感受以及最痛苦的
想法和感受，从事实转到思想，将事件人格
化，将情绪表露出来。

反应期。这是心理危机当事者情绪反应最强烈的阶段。当心理危机当事者谈到自己对事情的情感反应时，危机干预者要表现出关心和理解，并鼓励心理危机当事者就危机事件中最为痛苦的经历表达他的情感。

症状期。要求心理危机当事者回忆他在危机事件中的痛苦症状，可从心理、生理、认知、情感和行为等方面来描述，对危机事件产生更为深刻的认识。

教育期。要求心理危机当事者认识到，在严重压力之下，他产生相应的心理、生理、认知、情感和行为等方面的应激反应是正常的，也是可被理解的，心理危机当事者与危机干预者讨论积极的适应和应对方式，发现可能并存的问题（如过度饮酒），并学习一些促进身心健康的知识和技能。

总之，突发事件应激晤谈提供了一个安全的环境让心理危机当事者用言语来描述痛苦，并可获得危机干预者的支持，对于减轻各类事件引起的心灵创伤，保持个体内环境稳定，促进个体身心恢复和健康有重要意义。

记下你的心得体会

危机救助人员的自我保护

危机灾难发生后，以团体危机干预的方式保护危机救助人员的健康是十分必要的。

前期。制订应对心理危机的组织预案，并通过演习明确各救助人员的具体任务与权责，进而减轻救助人员的焦虑感，建立团队信任和自信心。

中期。尽可能使每位救助人员都有同伴，通过与同伴共同承担救助工作，共同解决问题和相互交流，减轻救助人员的心理压力。救助人员每天的工作时间不超过 12 小时，其中要包含休息和活动的时间，避免摄入过多的咖啡和酒精。保证在休息时救助人员可以与家人交流一两次，配置专业的心理咨询师，与救助人员共同执行救助任务，帮助救助人员适时减轻心理压力。一天值勤任务结束后，安排每个救助人员接受一次减压辅导。

后期。每位参与救助的人员在救助结束后需休息放松一两周，使他们的精神从紧张的救助任务中脱离出来，如个别救助人员休

记下你的心得体会

息后仍觉得乏力、消沉，相关负责人应安排其进行适当的调整，预防创伤后应激障碍的发生。

小结

1. 心理危机干预的焦点要始终放在解决心理危机当事者前来求助的当前问题上。危机干预者对心理危机当事者的情感投入应适当，避免把心理危机当事者的危机当成自己的危机。充分调动和有效利用心理危机当事者的社会支持系统。

2. 心理危机干预应遵守的原则：迅速确定要干预的问题，强调以当前的问题为主，并立即采取相应措施；心理危机当事者的家人或朋友必须参加心理危机干预；鼓励心理危机当事者要自信，不要让心理危机当事者产生依赖心；把心理危机作为心理问题处理而不是疾病处理。

3. 心理危机干预六步法：确定问题、保证求助者的安全、给予支持、提出并验证可变通的应对方式、制订计划和得到承诺。

反思·实践·探究

案例1：2021年7月17日至23日，河南省遭遇历史罕见的特大暴雨，发生严重洪涝灾害，特别是7月20日郑州市遭受重大人员伤亡和财产损失。灾害共造成河南省150个县（市、区）1 478.6万人受灾，因灾死亡失踪 398 人，其中郑州市 380 人、约占河南省全省 95.5%；直接经济损失 1 200.6 亿元，其中郑州市 409 亿元。重大自然灾害不仅会带来人员伤亡和财产损失，而且也给亲历灾害的受灾者个体、受灾者家庭和整个社会带来了严重的心理创伤。河南省特大暴雨后，心理问题不容忽视。世界卫生组织的调查显示，重大自然灾害发生后，20%—40% 的受灾者会出现轻度的心理失调，30%—50% 的受灾者会出现中至重度的心理失调，而在灾害发生一年之内，20% 的受灾者可能出现严重心理疾病，他们需要长期的心理干预。在灾害发生后及时进行心理干预并提供支持会帮助受灾者缓解心理危机症状。因此，即时的、系统的心理健康干预不仅可以降低灾害给人们带来的严重的心理创伤，也可以预防灾害导致的长期的精神病性症状。

1. 想一想，在重大自然灾害发生后，受灾者的心理反应可能有哪些？
2. 针对此类受灾者，如何作好心理危机干预？

案例 2：某校一名高二学生在校外跳楼自杀身亡。当天下午，学校领导找到学校心理辅导员说："今天中午，高二一名学生在校外跳楼自杀身亡，班主任反映班级里同学的情绪很不稳定，你考虑一下需要做哪些工作，具体怎么做，有什么需要学校帮忙的告诉我们，学校会支持你！"

如果你是这名心理辅导员，由你来组织这次心理危机干预工作，你会有什么考虑？请针对这次危机事件，设计一个心理危机干预方案。请注意，以下这些内容要在心理危机干预方案中体现：（1）工作目标；（2）工作内容及对象；（3）工作安排；（4）设计一个团体干预方案。

常见心理危机及其干预

危机干预

【知识导图】

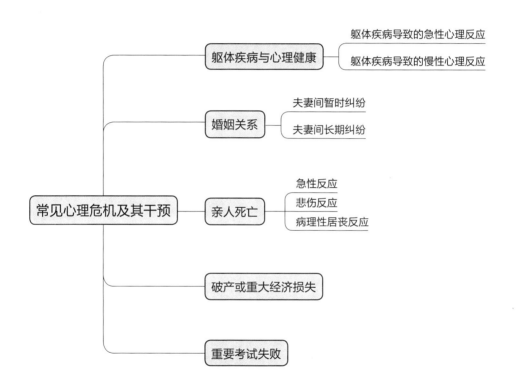

躯体疾病与心理健康

很多躯体疾病都与个体的心理状态有关。医学典籍《黄帝内经》指出：怒伤肝、喜伤心、思伤脾、忧伤肺、恐伤肾。可见不同负面情绪不仅影响着个体的心理健康，同时还直接影响着个体身体各器官的健康。

快节奏的现代生活，让越来越多的人因房贷车贷、父母养老、子女教育、就业、婚姻等各方面压力而出现焦虑、恐惧、抑郁等情绪，从而导致各种心理疾病接踵而至，影响着个体的身体健康，导致身体出现各种不同的症状。

实际上，身体和心理好比一台机器的硬件和软件，二者常常相互影响，相互制约，很多身体上的疾病都与心理问题密切相关。

躯体疾病导致的急性心理反应

躯体疾病导致的急性心理反应一般包括以下三个方面。

第一，焦虑。躯体疾病会让人感到紧张、忧虑和不安。严重者会有大祸临头的感觉，伴随自主神经系统症状，如眩晕、心悸、多汗、震颤、恶心和大小便频繁等，并可有交感神经系统亢进的体征，如血压升高、心率加快、面色潮红或发白、多汗、皮肤发冷、面部及其他部位肌肉紧张等。

第二，恐惧。躯体疾病会让人对自身疾病感到恐惧，轻者担心和疑虑，重者惊恐不安。

第三，抑郁。躯体疾病导致的心理压力可使人情绪低落、悲观绝望，对外界事物不感兴趣，言语减少，不愿与人交往，不思饮食，严重者出现自杀观念或行为。

躯体疾病导致的慢性心理反应

躯体疾病导致的慢性心理反应一般包括以下两个方面。

第一，抑郁。躯体疾病会导致个体心情沮丧，尤其是性格内向者，躯体疾病更容易让其产生这类抑郁的心理反应。个体可能会产生悲观厌世的想法，甚至出现自杀观念或行为。

第二，性格改变。躯体疾病会导致个体

性格改变。例如，总是责怪别人、责怪医生未精心治疗，埋怨家人未尽心照料等，故意挑剔，常因小事勃然大怒。对躯体方面的微小变化颇为敏感，常提出过高的治疗或照顾要求，导致医患关系及家庭内部人际关系紧张或恶化。

对于躯体疾病导致的急性和慢性心理反应，心理危机干预的原则是：在药物治疗基础上开展积极的支持性心理治疗，最大程度减轻个体的身体和心理痛苦；在选用药物时，应考虑疾病的性质和所引起的心理问题，例如，抑郁症、焦虑症等。以癌症患者为例，疼痛可用吗啡，抑郁症可用抗抑郁药，焦虑症可用抗焦虑药。

记下你的心得体会

【知识卡】

抗抑郁药物"五朵金花"

抗抑郁药包括氟西汀、氟伏沙明、帕罗西汀、西酞普兰和舍曲林等。

1. 氟西汀。氟西汀的起效通常比较慢，对抑郁症患者效果明显，但容易引起患者出现更明显的躁狂、消瘦等现象。

2. 氟伏沙明。氟伏沙明多用于强迫症，该药对于伴有强迫症的抑郁症患者，治疗效果也比较明显。

3. 帕罗西汀。帕罗西汀治疗焦虑症的效果更好，因为该药物是同类药物中5-羟色胺再摄取抑制作用最强的药物，比较适合有失眠症状的焦虑症人群。

4. 西酞普兰。西酞普兰的副作用比较少，同时不容易使患者产生耐药性。长期服用可以改善患者的表达能力，更适合反应迟钝的抑郁症人群。

5. 舍曲林。舍曲林适合快乐感缺失比较严重的抑郁症患者，起效比较快。

婚姻关系

婚姻关系破裂，结局多是离婚。如果夫妻双方都能接受离婚的结果，那么不太可能造成严重后果，否则可能会引起心理危机。

夫妻间暂时纠纷

当夫妻间发生暂时的纠纷时，受当时情绪的影响，夫妻双方的矛盾可能会激化，进而引发冲动行为，甚至违法犯罪行为。

对于夫妻间暂时纠纷，干预的原则是：让夫妻双方暂时分开，等双方冷静思考后再接受适当的心理辅导，帮助他们解决问题，防止类似问题再次发生。

夫妻间长期纠纷

当夫妻间长期存在纠纷时，夫妻之间可能存在以下情况，例如，彼此不信任、一方有外遇、一方受虐待、有财产或经济纠纷等。这些纠纷可以使夫妻双方（尤其是女方）产生头痛、失眠、食欲和体重下降、疲乏、心烦、情绪低落等症状，严重者可能会出现自杀企图或行为。

针对夫妻间长期纠纷，干预的原则是：尽量调解双方的矛盾，对有自杀企图的一方应预防其自杀，可给予适当的药物改善其睡眠、焦虑和抑郁等症状。

记下你的心得体会

亲人死亡

亲人死亡或离世可能给个体带来严重的悲伤。与逝者关系越密切，产生的悲伤反应也就越强烈。如果亲人是猝死或意外死亡，例如，死于交通事故或自然灾害，那么引起的悲伤反应最重。

根据丧亲者的依恋类型，采用相应的悲伤辅导方式。安全依恋型丧亲者一般能够"自愈"，逐步回归到正常的生活。不需要过多进行干预，而只需给予充分的理解和情感支持。不安全逃避型丧亲者往往逃避、压抑甚至否认与逝者之间的内在情感，因而可能在将来影响他们的健康。应当采用适当的方式解除其看似"刀枪不入"的"盔甲"，使其直面内心的情感，从而适当地宣泄其内在积累的抑郁或悲伤。不安全矛盾型丧亲者常常会陷入"无尽"的悲伤中，他们终日闷坐，茶不思，饭不想，生活似乎在亲人去世之时就结束了。对于此类丧亲者，应当促使他们尽量离开与逝者相关的事物，更多地参与一些新的社会活动，通过适当的恢复社会生活，重新找回生命的"重心"，回归到生活的正常轨道来。

急性反应

在听到亲人离世的噩耗后，个体容易陷于极度痛苦中。严重者会出现情感麻木、昏厥、呼吸困难、有窒息感、痛不欲生、呼天抢地地哭叫等极度激动的急性反应。

面对急性反应的个体，干预的原则为：（1）针对个体出现的急性反应，给予相应的应急处理。例如，将昏厥者置于平卧位，为血压持续偏低者进行静脉补液，对情感麻木或严重激动不安者，应给予苯二氮䓬类药物使其能够睡眠和休息。（2）当丧亲者清醒过来后，应表示同情，营造支持性气氛，让丧亲者逐步减轻悲伤。

悲伤反应

亲人离世后，在居丧期间，个体可能会出现焦虑和抑郁，他们可能为自己在逝者生前关心不够而感到自责或有罪，脑子里常浮现逝者的形象或出现幻觉，难以从事日常活

记下你的心得体会

87

动，甚至不能料理日常生活，常伴有疲乏、失眠、食欲降低和其他胃肠道症状。严重者可产生自杀企图或行为。

干预原则为：（1）让丧亲者充分表达自己的情感并给予支持性心理治疗。（2）用苯二氮䓬类药物改善睡眠，减轻焦虑和抑郁情绪。（3）对有自杀企图者应有专人监护。

病理性居丧反应

亲人离世后，个体的悲伤或抑郁情绪持续 6 个月以上，有明显激动或迟钝性抑郁，持续存在自杀企图，存在幻觉、妄想、情感淡漠、惊恐发作或活动过多而无悲伤情感、行为草率或不负责任等，即为存在病理性居丧反应。

干预原则为：（1）用抗精神病、抗抑郁、抗焦虑等药物进行治疗。（2）辅之以适当的心理治疗。

破产或重大经济损失

破产或重大经济损失也会使个体出现心

理危机，让个体陷入极度悲伤和痛苦中，感到万念俱灰，萌生自杀的想法，并可能进一步采取自杀行动。

干预原则为：（1）与心理危机当事者进行充分交流，例如，劝告心理危机当事者，自杀并不能挽回已经发生的经济损失，通过再次努力有可能东山再起。（2）如果通过语言沟通不能使心理危机当事者放弃自杀企图，应派专人监护，防止心理危机当事者采取自杀行动。（3）度过危机期后，心理危机当事者逐渐恢复信心，可能在一段较长的时间情绪低落、失眠、食欲降低或出现其他消化道症状，这时可用抗抑郁药进行治疗，同时给予支持性心理治疗。

重要考试失败

对个体有重要意义的考试失败也可能引起个体痛苦的情感体验，通常个体会表现出退缩或不愿与人接触，严重者也可能采取自杀行动。

干预原则为：对有自杀企图者采取措

记下你的心得体会

施，防止其采取自杀行动。由于发生这类心理危机的大多是年轻人，可塑性大，危机过后大多能重新振作起来。

　　总之，危机即危险与机遇并存。
　　心理危机并不可怕，只要心理危机当事者或心理危机群体能得到及时、专业的心理服务与援助，就可以化危机为发展，促进个体在心理上更快地走向成熟。

小结

　　1. 通常，躯体疾病、婚姻关系、亲人死亡、破产或重大经济损失、重要考试失败等事件都可能导致个体出现心理危机。
　　2. 心理危机并不可怕，只要心理危机当事者或群体能得到及时、专业的心理服务与援助，就可以化危机为发展，促进个体在心理上更快地走向成熟。

反思·实践·探究

　　小 Y，男，18 岁，初中毕业后外出打工，在一家发型店当洗发师。小 Y 打工期间，小 Y 的父亲突发肺癌去世，之后，小 Y 时常会说一些自责、思念和愧对父亲的话。

在干预者介入之后，干预者了解到，小Y是父亲最得力、最疼爱的孩子，小Y的父亲生前会与小Y探讨家中大事。在小Y父亲去世后的2个多月，小Y常常在晚上梦见父亲在床边跟他说话，梦见父亲责骂小Y没有救他，把他放在冷冰冰的棺材里面。梦见父亲责骂小Y没有好好听话，认真读书。

当出现以上梦境时，小Y就会被噩梦惊醒，感觉梦中的情形特别清晰，犹如真实发生一样。小Y感到万分恐惧，悲痛不已，难以入睡。

因此，每到夜晚小Y就不敢睡，害怕闭眼，害怕脑海里浮现父亲的身影，害怕父亲指责和埋怨。白天的时候，小Y把工作安排得很满，避免想起父亲。

此外，小Y自述对周围的事物提不起兴趣，也不喜欢向任何人倾诉或发泄情绪。小Y非常害怕去父亲生前居住过的地方，也害怕看见以前的邻居。这种症状持续了2个月20余天。为此，小Y深感恐惧，内心十分痛苦。

1. 根据小Y的表现，你认为小Y处于心理危机状态吗？

2. 如何对小Y进行心理危机干预？心理危机干预的原则是什么？如何扮演好小Y的陪伴者、支持者、倾听者、沟通者、引导者等角色？

重大应激事件下的
身心反应

危机干预

【知识导图】

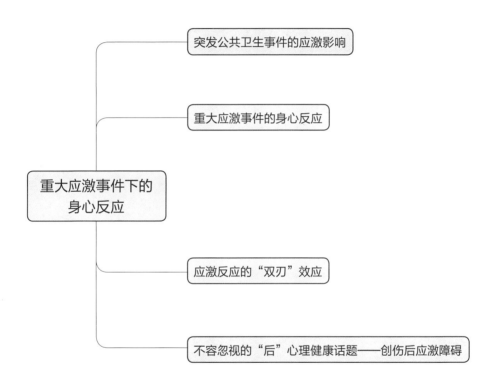

由于新冠疫情大流行，每个个体都面临前所未有的不确定性和生活方式的重大变化。在新冠疫情大流行持续发展的过程中，个体的心理问题产生有什么特点？在新冠疫情大流行过程中，个体可能会感到震惊、愤怒、难过、沮丧等，也可能出现浑身颤抖、头痛、疲乏等身体症状。有些人甚至出现严重的过激反应和创伤反应。

在我国，抑郁症的防治和认知率仍然较低，甚至在个别地市级以上的医院，抑郁症的认知率仅仅有 20%，只有不到 10% 的抑郁症患者接受过药物治疗。暨南大学附属第一医院精神医学科潘集阳教授表示，如今，精神疾病的发病人群越来越低龄化，尤其是新冠疫情过后，很多未成年人都可能出现创伤后应激障碍或创伤性再体验等症状，焦虑、失眠、抑郁……"心理瘟疫"正在蔓延。

我们要重视！新冠疫情大流行过后，"心理瘟疫"可能还在蔓延……

突发公共卫生事件的应激影响

首先，要理解新冠疫情的应激源性质。新冠疫情是"国际关注的突发公共卫生事件"（世界卫生组织定义）。新冠疫情"突发"和"公共卫生事件"这两大特点值得关注。

"突发"会给人猝不及防的震撼，个体没有心理准备和过渡期，会感觉"被动地卷入其中"，生活的方方面面都受影响；"公共事件"表明新冠疫情的辐射范围很广，涉及整个国家乃至全球，具有群体性质，同时，个体的自我掌控感也会受到强烈的冲击。

除了新冠疫情本身就是威胁个体生命安全的重大应激源外，在新冠疫情发生发展过程中还伴随着一系列现实性问题，各种大大小小的应激源不断"输入"个体的脑中，给个体持续发送"危险警报"，共同引发个体的身心反应。

例如，大量信息涌入。在移动互联网时代，消息的传播具有媒介多、速度快、数量级大的特点。每个人都会收到各种各样与新冠疫情有关的信息。一会儿看到感染人数不断增加，一会儿看到有人转发"某某"被隔离观察的消息。

计划调整及单位、社区、学校的各种问询。由于假期延长和防控隔离的要求，原先的计划被打乱，开工、开学的时间都不得不调整。随着防疫措施的不断严格，单位、社区、学校也需要每日问询，摸排情况。

身边人的行为和心理变化。例如，父母可能经常打扫、消毒或转发各种消息，孩子嚷嚷着想要出门等。

让我们看下面这个案例。

在医院的心理咨询室，年轻女孩莉莉迟迟不敢落座，因为担心医院的椅子上有病毒。莉莉说："我觉得哪儿都有病毒，什么都不敢碰。"新冠疫情期间，莉莉从外面回到家后会反复洗手、洗澡、洗衣服，甚至把手搓破。莉莉坦言，自己很痛苦，但就是无法控制。医生说："莉莉的表现已经属于强迫症了。"

在这个案例中，莉莉的行为表现是对新冠病毒过度担忧造成的，凡事总会控制不住地往坏处想，无法自行从恐惧和忧虑的情绪中走出来。

重大应激事件的身心反应

身心反应系统具有自我调适功能，这既体现在个体平时维持身体各项机能的正常运转上，更体现在个体面对应激源的时候能够快速作出有利于生存的响应上，这时候，就会伴随各种身心应激症状。

重大应激事件可让人产生心理压力，使人产生紧张、激动、焦虑、不安甚至恐惧、愤怒的情感体验，并在行为表现、认知能力、生理生化等方面发生一系列变化。

重大应激事件导致的身心反应大致可分为两类：（1）提高机体活动水平，动员全部身心力量和智慧更好地适应和应对应激情境。这个身心反应被称为"狮子式"应激反应。（2）降低机体活动水平，使个体意识狭窄、行为刻板，对应激情境无能为力。这被称为"兔子式"应激反应。

不管是哪一种身心反应，重大应激事件都会对人的免疫系统产生负面影响，但第一类"狮子式"应激反应对人有正面的作用。由于重大应激事件不可避免会导致个体出现身心反应，因此应该尽量用第一类身心反应来应对应激情境。

在面临重大应激事件时，个体出现的身心反应是一种应激反应。应激反应是人类在进化过程中形成的一种自我保护机制。在遇到应激源时，个体的身心会发出警觉信号，动员人体的全部身心资源应对紧急情况，具有防御和摆脱困境的功能。

然而，应激反应是提高机体的活动水平，还是降低机体的活动水平，受多种因素的影响，并不是确定的。例如，如果遇到非常危险的情况，人可能飞快地逃走，也可能僵立原地不动，俗称"吓傻了"。

在面对重大应激事件时，哪一种反应才是正常的反应？从基本意义上讲，个体所有的身心反应都是正常的反应。

应激反应的"双刃"效应

应激反应既可以对健康有害，也可以对健康有利，关键在于应激的种类、性质、强度、频度和持续时间，以及个体的先天素质、经历、知识、能力和社会环境等。

应激反应会引起机体的生理变化。通常情况下，个体的生理变化会随着应激事件的减少而平息，这时，个体的生理变化也逐渐恢复正常，此时，应激事件对身体的影响较小，也不容易被观察到。然而，如果应激事件持续存在，个体很容易感觉到应激事件引起的持续和强烈的应激反应。事实上，这时个体的情绪不仅更加紧张焦虑，而且可能使神经体液调节系统及器官功能失调，击溃个体的免疫系统，降低个体对疾病的抵抗力，以致个体被疾病侵袭。

大量调查统计数据表明，许多疾病，如冠心病、溃疡、精神病、肝硬化、癌症等都直接或间接与应激反应有关。已经有相当多的临床研究发现，负性生活事件与癌症的发生发展有关。例如，很多癌症患者都有失去亲人、家庭变故、与父母分离、失业等经历。研究还发现，与亲人分离或失去亲人等负性生活事件发生的时间以及在遭遇这些负性生活事件时个体采取的应对方式（否认和压抑），可能影响乳腺癌的发生、发展。

【知识卡】

战斗—逃跑—木僵反应

"我是谁？我在哪儿？我在干什么？"灵魂出窍，呆立在当场……你曾有过这样的经历吗？

你知道什么是战斗—逃跑—木僵反应吗？

这是个体觉察到危险时大脑作出的反应，要么战斗，要么逃跑，要么木僵。

这个反应是为了帮助个体生存下去。在远古时代，如果人类遭遇野兽，人类需要在一瞬间爆发所有的能量，要么拼命逃跑，要么打败野兽，要么装死以期逃过一劫。经过若干年后，这个反应通过进化保留了下来，存在于人类最原始的脑中。

这个反应的生理基础就是脑中的边缘系统。在现代社会，人类已经不再会遭遇野兽，但现代生活给人类带来各式各样的压力，这也会被人类解读为"危险信号"，从而触发脑中的战斗—逃跑—木僵反应。

如果个体频繁启动战斗—逃跑—木僵反应，长期处于应激状态下，个体的免疫系统和神经系统就会受到损害，例如，有可能会导致惊恐发作，或者出现其他慢性焦虑的症状。

焦虑原本为了帮助个体应对危险，只是后来个体无法分辨真正的危险与想象的危险，才导致了焦虑症的产生。

不容忽视的"后"心理健康
话题——创伤后应激障碍

经历了新冠疫情导致的急性应激反应之后，真正严重的心理、生理问题会在应激反应之后出现。

新冠疫情结束之后，很多人可能会出现创伤后应激障碍。创伤后应激障碍是指创伤性事件发生后，个体不能很好地适应或无法很好地解决相应问题，从而产生的长期性、严重的心理问题。

新冠疫情结束之后，个体可能会出现创伤后应激障碍，这包括以下三大类症状。

第一类，创伤性再体验症状，即在头脑中重演事发时的负面感受，如频繁做噩梦。虽然创伤事件已经过去了，但是个体没有完全处理好，个体将通过做噩梦等方式重现与创伤有关的情境或内容。创伤性再体验症状是一类比较普遍的创伤后心理问题。

第二类，回避和麻木类症状，即逃避社交。经历创伤事件之后，个体很难恢复到正常的工作、生活、社会关系、社会联系和社会习惯当中，开始逃避社交。此时，个体开始产生孤僻感，不愿意与他人交流，冷漠无情，对于生活中的事情再也没有以前那种热情。此外，个体还会出现记忆丧失，即有意识地忘掉这段创伤经历，完全无法回忆起负面的感受。具体表现包括：注意力涣散、社会关系淡漠、不想结婚、不理孩子、不理家人等。

第三类，警觉性增高症状，即过度敏感。别人一旦提起与创伤事件有关的关键词，例如，新冠疫情期间，别人一旦提起"武汉""肺炎"等关键词，个体立马就产生反应，吃不下饭，睡不着觉，甚至长期保持愤怒状态。在极端情况下，个体还会仇恨社会，仇恨政府，仇恨他人，甚至有报复的冲动和行为，包括伤害自己和伤害周围的人。

不是每位经历危机事件的人都有创伤后应激障碍，有些人因为自身具有的一些危险因素，更容易成为易感人群。例如，过去有创伤的相关经验没有处理好，或者某些个人因素。有些人则比较容易复原，例如，那些有良好"资源"的群体，如完善的社会支持系统、良好的亲子关系和家庭关系、个人认知信念高、情绪稳定，有较高的自我效能、自尊、智力。在这样的过程中，虽然个体可能遇到同样的问题，但是复原得比较快。因此，需要重点关注易受伤害的人群。

让我们来看一个创伤后应激障碍的例子。

王阿姨在镇上开了一家裁缝店，店里一共有三台缝纫机，雇了两个员工。王阿姨的生意还算不错。一天下午，王阿姨和她的两个员工正在干活，突然感到房屋剧烈摇动。她们意识到发生地震了。她们急忙从房子里跑出来，刹那间，整个房屋都倒塌了。王阿姨当时无法站立，只能趴在地上，眼看着周围的房屋相继倒塌，被吓得不知怎么办才好，只是感到天崩地裂。在地上趴了一会儿，剧烈的震动过后，眼前的世界完全变了。

整个镇上叫声一片，有呼救的，有哭喊的……"全完了，全完了！"王阿姨叫喊着，从废墟中挖出了一台缝纫机，其他的东西都被死死地压在了废墟下……

过去了两个多月，这些情景依然历历在目，王阿姨一想起来就不寒而栗。两个多月以来，王阿姨从没睡过一个安稳觉，经常在夜里惊醒，老公一翻身，床板一摇动，王阿姨就会惊醒并迅速跑出房间，以为又地震了。王阿姨经常在梦中梦到地震，地震时的场景像放电影一样在脑海中不时闪现。王阿姨也不愿谈论与地震相关的任何事情。

【知识卡】

全身适应综合征

全身适应综合征是应激学说的奠基人——加拿大生理学家谢耶（Hans Selye）于1946年提出的。谢耶给实验室里的动物提供不同的应激源，如剧烈运动、有毒物品、寒冷、高温，以及严重创伤等，结果发现，尽管应激源的性质不同，但应激源引起的全身性反应却很相似，即这些全身性反应具有非特异性。

谢耶把这种非特异性的全身性反应称为全身适应综合征，即劣性应激源持续作用于机体导致的动态的、连续的应激过程，最终可导致机体内环境紊乱和疾病。

全身适应综合征分为三期：警觉期、抵抗期和衰竭期。

警觉期。在应激源作用下，机体迅速进入警觉期。警觉期也是保护机体，提高机体防御机制的快速动员期。警觉期神经内分泌改变以交感-肾上腺髓质系统的兴奋为主，并伴有肾上腺皮质激素的增多。这些变化使机体处于警觉状态，有利于机体的战斗或逃跑。警觉期持续时间较短。

抵抗期。如果应激源持续作用于机体，在警觉期后，机体将进入抵抗期。抵抗期也称适应期，此时，以蓝斑-交感-肾上腺髓质轴兴奋为主的一些警觉反应将逐步消退，而以肾上腺皮质激素（如糖皮质激素）分泌增多为主的适应反应和机体的代谢率将逐渐增高，炎症免疫反应减弱，胸腺及淋巴组织缩小。机体在表现出对特定应激源适应和抵抗力增强的同时，防御储备能力也出现消耗，因而对其他应激源的非特异性抵抗力下降。

衰竭期。机体在经历了持续、强烈的应激源作用后，其防御储备及适应能力被耗竭。警觉期的反应再次出现，肾上腺皮质激素分泌持续增多，但糖皮质激素受体的数量和亲和力可下降，机体内环境明显失衡，应激反应的负效应如应激相关疾病、器官功能衰竭甚至休克、死亡都可在衰竭期出现。

小结

1. 突发公共卫生事件的应激影响：新冠疫情是威胁个体生命安全的重大应激源，在新冠疫情的发生发展过程中还伴随一系列的现实性问题，共同引发了个体的身心反应。

2. 重大应激事件可让人产生心理压力，使人产生紧张、激动、焦虑、不安甚至恐惧、愤怒的情感体验，并在行为表现、认知能力、生理生化等方面发生一系列变化。

3. 应激反应既可以对健康有害，也可以对健康有利。关键在于应激的种类、性质、强度、频度和持续时间，以及个体的先天素质、经历、知识、能力和社会环境等。

4. 创伤后应激障碍是指创伤性事件发生后，个体不能很好地适应或无法很好地解决相应问题，从而产生的长期性、严重的心理问题。

反思·实践·探究

某地野生动物园发生了一起猛兽伤人命案。

一名园区的工作人员突然被群熊袭击，活活咬死。当时车上的游客看见熊把人咬死的全程，不断发出恐慌的声音，事后回忆起当时的情景，目击者内心的震惊久久无法平复，这种恐慌情绪甚至已经影响到他们的正常工作和生活。从拖走人到咬死人这个过程很短，现场的目击者说，这个年仅 26 岁的工作人员被一群熊当场活活生吃了。事情发生后，该野生动园马上闭园。

不少目击者出现了程度不一的创伤后应激障碍。

1. 此案例中，目击者出现了哪些创伤后应激障碍？有哪些典型症状？

2. 治疗创伤后应激障碍的方法有哪些？

理解哀伤

危机干预

【知识导图】

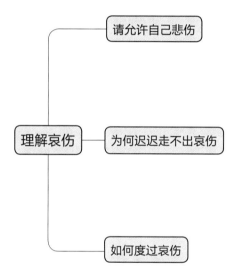

人们常说，时间能够治愈一切，但心理学研究发现，哀伤的持续时间远远长于其他情绪如羞耻、吃惊、恼怒甚至无聊。

一般来说，重大事件如死亡或事故会导致个体哀伤，哀伤与人如影随形，一些严重的哀伤也许会变成一种心理疾病。

请允许自己悲伤

记下你的心得体会

悲伤指人在经历重大失去时遭受的种种情绪体验。人在失去家人、朋友时会感到极度的悲伤，这是一种心理上必要的和自然的过程，是一种正常的情感状态。悲伤是爱的表达，是对逝去亲人的缅怀，要允许自己悲伤，不要逃避和压抑悲伤。没有表达出来的悲伤会埋藏在人的内心深处，让人无法对失去释怀，也很难建立新的关系。没有得到释放的悲伤还被认为是引发各种身体不适和疾病的关键因素。

理解悲伤的十项原则可以帮助人们接纳悲伤，允许悲伤，并且消减悲伤。这十项原则是：直面丧失、消除对悲伤的误解、理解悲伤的特殊含义、释放各种因丧失而产生的情绪、承认自己并没有失去理智、理解悲伤的必要性、关爱自己、向别人寻求帮助、寻求回归正常的方法和接纳自己的整个转变过程。理解悲伤的这十项原则能够帮助人们理解自己在悲伤过程中经历的一切。如果人们能允许自己把对丧失的痛苦表达出来，那么人们往往就能够接受悲伤和丧失。

哀悼是个人或社区对逝者表达思念的一种仪式或做法。哀悼的过程具有疗愈的作用，因为哀悼可以让人释放悲伤的情绪。人们对待丧失的方法各不相同，也没有唯一正确的方法。虽然随着时间的推移，大多数人都能走出这段难过的经历。不同的文化和民族有不同的哀悼方式。参与哀悼的人会出席葬礼并参加全部过程。葬礼为悲伤者提供了一个宣泄悲伤情绪的出口，料理逝者遗留的事务可能也有疗愈的作用。中国自古以来就有做七、守孝、祭奠的哀悼传统，从现代心理学视角来看，这样的哀悼仪式给人们提供了一种寄托哀思、宣泄情绪的途径，具有与过去和逝者告别，抚慰生者心灵的作用。

【知识卡】

延长哀伤障碍

延长哀伤障碍是丧失亲人之后引发的一种持续的病理性哀伤反应。

在美国精神医学学会对延长哀伤障碍的诊断中，以下几点是重要的诊断标准：

持续悲痛：亲人去世一年后，仍能持续地感到极度的悲痛和哀伤，并且哀痛感受和行为超越了社会文化规范下正常的范围。

过度怀念：不能接受亲人离世的事实，非常回避谈及逝去的亲人，对于逝者有持续的、大量的怀念。

情感失调：麻木、冷漠，情感反应减弱。对于任何事物和活动都丧失兴趣或对于丧失会突然爆发愤怒，易激惹。

严重自责：偏执地认为亲人离世是自己造成的，认为因为自己没能早发现一些迹象才导致亲人离世。

失去自我：常有跟随逝者（通常是重要的他人）一起死去的想法，怀疑自己生活的意义和角色使命。

为何迟迟走不出哀伤

为何迟迟走不出哀伤？面对重大丧失，个体一般会经历五个阶段。

否认。认为发生的一切都不是真的。这种防御机制是个体遭遇突然丧失时的缓冲剂，防止个体被强烈的情绪淹没。

愤怒。反击阶段，个体会对他人的死亡产生愤怒："为什么要抛下我或离我而去？！"然而，个体又因为自己的指责感到内疚，进而更加愤怒，并将愤怒转化为攻击亲近的人，甚至陌生人。

讨价还价。试图争取时日，也可以称作"与死神交涉"的阶段。例如，在亲人去世之前祈祷"让他过完这个年或这个生日或这个冬天再走吧！"

沮丧。放弃挣扎，产生强烈的无助、沮丧和痛苦的感觉，对逝者的哀悼压倒了一切希望、梦想和未来的计划。个体觉得自己失控、麻木，甚至想自杀。

接受。最终承认亲人已经离世的事实，并且把亲人离世这件事整合到自己的生命中，使之有意义。

并不是所有人都会依照上述顺序经历全部五个阶段，这五个阶段只是帮助我们了解自己或他人理解哀伤处境和过程的手段。一般来说，个体能在一段时间内达到"接受"阶段。然而，延长哀伤障碍患者往往在前四个阶段来回反复，无法挣脱。他们留恋哀伤："我必须不断悲伤，否则就会忘掉或背叛他或她，只要我不停地怀念，他或她就不会离去。"

如何度过哀伤

在哀伤阶段，以下方法有助于个体抚平心中的伤痛，缓和身体的不适，接受现实的状况，恢复日常的生活状态。

不要隐藏感觉，试着把悲伤的情绪表达出来；哭也是一种释放内心悲伤的方式；肯定自己有这些心理反应（如罪恶感、悲伤、忧郁等）都是正常的；不要因为不好意思或忌讳而逃避和别人诉说悲伤，要让别人有机会了解自己的悲伤；避免不恰当地发泄

记下你的心得体会

情绪，不酗酒、不乱发脾气、不自虐或虐待他人等；家人或周围的人可能有相同的经历和感受，试着与他们谈谈；了解这种悲伤情绪需要一段时间来调适和缓解，允许自己在适当的时候发泄情绪，但要避免不恰当地发泄情绪，如乱发脾气或责怪自己；在减缓悲伤之后，要尽力维持日常生活的规律，饮食和睡眠正常；不要孤立自己，多与亲戚、朋友、邻居保持联系，谈论自己的感受。

对于一些人来说，哀伤是长期的疼痛，需要很长时间来疗伤，哀伤者更需要持续的社会支持。一些特殊的日子，如周年祭日、生日等都可能引起哀伤者悲恸。因此，平复哀伤需要一个长期的过程。

如果哀伤的程度很严重且影响个体的日常生活功能或让个体无法自行摆脱负面情绪，那么个体需要寻求专业的心理帮助。对那些为亲人逝去而痛苦的人来说，一个好的社会支持系统和一个不带评判性的交流是最有用的。一般来说，与逝者关系密切、人格脆弱、年龄较小、存在情绪障碍的人需要专业的哀伤辅导。

记下你的心得体会

另外，还有一些注意事项：不需要也不必期待个体很快能从哀伤中走出；哀伤常被认为是病态的、不健康的或打击士气的，这是错误的观念；有些哀伤也许人终生都不会完全过去，哀伤者更需要做的是，学会与哀伤相处；多去认识哀伤的过程，越认识哀伤越能帮助个体走出哀伤；没有单一或绝对正确的处理哀伤的方式，不要评断别人的哀伤，或是将你的哀伤与别人的哀伤进行比较；试着对自己温柔一点，耐心一点，试着去接受来自别人的关心与支持，同时伸出援助之手，很多时候，当我们帮助别人时，同时也在帮助自己；寻找为相同哀伤经历的人举办的支持团体，分享彼此的哀伤经历可使你觉得自己不是那么孤独；多做运动可增进体能，并帮助你从哀伤中复原；将感受和经历写下来，能帮助你领会哀伤情感，可用写日记的方式写作；学习、工作或开车要特别小心，因为在重大的压力下，更容易发生意外。

记下你的心得体会

小结

1. 一般来说，重大事件如死亡或事故会导致个体哀伤，哀伤与人如影随形，一些严重的哀伤也许会变成一种心理疾病。

2. 面对重大丧失，个体一般会经历五个阶段：否认、愤怒、讨价还价、沮丧和接受。并不是所有人都会依照上述顺序经历全部五个阶段，这五个阶段只是帮助我们了解自己或他人理解哀伤处境和过程的手段。

反思·实践·探究

一位母亲失去了她的第一个孩子，因为当时的医疗条件不足以挽救孩子的生命。这位母亲很少提起这个孩子，大多数人甚至都不知道这个孩子存在过。这位母亲因为孩子的死责备自己，她一直都不能原谅自己"让"孩子死去。后来，她又有了几个孩子，但她很难做到与他们特别亲密，或许她觉得，如果她与他们特别亲密，而她再失去他们的话，她恐怕无法承受那种失去带来的痛苦。

当我们拒绝接受因失去引发的痛苦和悲伤时，我们最终不可避免会感到更加痛苦，悲伤的情绪无法释放。这种没有表达和释放出来的悲伤情绪会让我们的身体和心理都出现问题，还会阻碍我们接受亲人离世这一事实。有机会把亲人离世这一事实讲出来，与他人分享自己的痛苦和悲伤，探讨失去对生者的意义，有助于个体逐渐适应并接受失去亲人的现实，并渐渐开始考虑人生新的价值和意义。

1. 我们该如何理解这位母亲因为失去第一个孩子引发的悲伤、愤怒、内疚、后悔、羞耻、遗憾等复杂情绪？

2. 斯人已去，生者依然需要向前。如何帮助这位母亲处理哀伤？

如何发现身边人的
危机信号

危机干预

【 知识导图 】

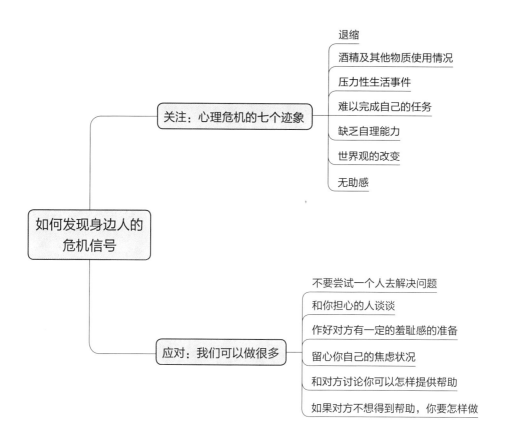

关注：心理危机的七个迹象
- 退缩
- 酒精及其他物质使用情况
- 压力性生活事件
- 难以完成自己的任务
- 缺乏自理能力
- 世界观的改变
- 无助感

如何发现身边人的危机信号

应对：我们可以做很多
- 不要尝试一个人去解决问题
- 和你担心的人谈谈
- 作好对方有一定的羞耻感的准备
- 留心你自己的焦虑状况
- 和对方讨论你可以怎样提供帮助
- 如果对方不想得到帮助，你要怎样做

发现身边人的心理危机并不是一件简单的事。有些心理危机可能隐藏得很深，很难被注意到。有些人对自己的心理健康问题感到羞耻，即便在最亲近的人面前，他们也会努力掩饰内心的挣扎。当个体只能通过视频或文字的方式与亲人沟通时，他可能更容易掩饰内心的挣扎。

然而，有很多迹象可以帮助我们发现身边人的心理危机。以下是一些心理健康危机的迹象。要注意的是，这些迹象不一定意味着一个人正处于心理危机之中。相反，我们只能把这些迹象当成线索，给予身边人更多关注和理解。

关注：心理危机的七个迹象

退缩

退缩是心理危机最普遍的迹象之一，个体明显削减正常活动。

退缩的行为包括：待在自己的房间里，和朋友断开联系，不回复消息，不吃饭等。

这些退缩行为可能反映了个体抑郁的典

型症状，个体处于低能量、低动力和低投入状态或者处于高度焦虑状态，普遍存在恐惧和回避反应。这也可能反映了个体想要掩饰其他心理问题的可能。

酒精及其他物质使用情况

个体饮酒量和其他物质使用量的变化，也是潜在心理危机的迹象。

可以关注以下变化：更频繁地饮酒，例如，几乎每天晚上都喝酒；饮酒量变大，例如，喝到吐字不清，喝得比别人多。

个体经常使用酒精及其他物质来减轻抑郁或精神创伤的痛苦，或者用来减轻个体的焦虑感。如果酒精或物质使用的频率或数量有问题，那么这可能反映了个体的心理危机倾向。如果个体的家庭有物质滥用问题的历史，要特别注意这个迹象。

压力性生活事件

虽然压力性生活事件本身不能算是心理危机的一种信号，但却是一些心理健康问题的迹象之一。压力性生活事件可能会导致抑郁、创伤后压力、酗酒和过度焦虑等问题。

新冠疫情暴发以来，个体面临的压力可能包括：丢掉工作、确诊新冠、家人确诊新冠、职业风险高、生意失败和财务困难等。

对一个人来说，对压力性生活事件产生延迟反应的情况是很常见的。

例如，一些在重大创伤（如危及生命的疾病）中幸存的人可能会经历创伤后应激障碍并出现延迟表达——这意味着症状至少要在创伤发生 6 个月后才会完全出现。

由于压力性生活事件（如长期的健康问题或长期失业）可能会给个体带来长时间持续的压力，往往会产生累积效应。虽然表面看起来很正常，但随着压力的增加，个体的身心最终会陷入挣扎，神经系统也会持续保持高度警觉状态。

当出现压力性生活事件时或很难识别某个压力源（例如，新冠疫情）给身边人造成的压力大小时，例如，你和你的家人都面临财务困难，你可能没意识到这种财务困难给你的家人造成的压力大小，我们可能需要有意识地提醒自己去关注一下身边人的压力和

记下你的心得体会

心理危机情况。

难以完成自己的任务

你可能会注意到，你的家人在家里完成的任务变少了，例如，不洗碗或倒垃圾了。如果这个人有工作，那么他可能比以前更经常地完不成工作任务或者错过最后期限。如果这个人是学生，那么他可能会出现完不成论文和作业的情况，他也可能错过预定的视频会议或上课迟到。

通常情况下，对于每次失误，个体可能都会有一个看起来合理的解释：因为网站关闭，所以他不能及时提交论文；因为他把闹钟设置为下午而不是上午，所以他错过了上午的约定。

如果你发现身边人难以完成自己的任务，并且你觉得有更深层的原因可以解释这个问题，那么请跟随你的直觉，记住你注意到的整体模式，并关注身边人的心理健康状况。

缺乏自理能力

当一个人遇到重大生活困难，出现心理

记下你的心得体会

危机时，首先出现的迹象就是缺乏基本的自理能力。他们可能会不洗澡，以至有明显的体味。他们可能会不刷牙，也可能会每天都穿着同样的脏兮兮的衣服和裤子。

你可能会注意到他的食物选择也发生了变化。虽然他们过去大部分时间吃的可能是健康食品，但现在他们可能靠快餐或高糖零食生存。他们可能停止锻炼。他们的睡眠模式也可能恶化。

不幸的是，这些自理能力方面的变化会使人的心理和身体状况进一步恶化。不良的饮食和缺乏锻炼会导致更糟糕的健康状况和心理状况，这使个体的自理能力进一步恶化，陷入恶性循环。

回想一下，你身边的人是否有缺乏自理能力的迹象，如果有的话，请关注一下他的心理健康状况。

世界观的改变

你可能会注意到，经过一些重大生活事件后，身边人看待世界的方式发生了微妙的变化。他们可能变得更加悲观或愤世嫉俗，可能会注意别人糟糕的一面。他们没有用玫瑰色的眼镜看世界，而是用灰色的眼镜看世界。

你可能会注意到他们与你互动时语气变了，他们看待自己、世界和他人的观念也变了。当身边人的世界观发生改变时，请你留意他的心理健康状况。

无助感

如果有人表示，对事情好转不抱希望，那么你应该特别留意他的心理健康状况。心怀希望对人非常重要，这种重要性怎么强调都不为过。

当个体存在无助感时，他可能说这样的话：

"我就是看不到事情有任何改善。"

"我想放弃。"

"这个世界没有任何东西可以给我。"

"我不知道我为什么要尝试——没有什么是管用的。"

"情况永远不会好转。"

记下你的心得体会

"我感到好无望。"

虽然这些说法本身都不表明个体存在心理危机，但它们是心理危机的重要迹象，值得我们关注。

心存无助感并失去希望会降低个体寻求帮助的意愿，也会使个体不愿意将精力投入到能让其感觉更好的活动和关系中。

对于那些企图自杀的人来说，绝望也是一种很普遍的心理体验。虽然大多数感到绝望的人不会试图结束自己的生命，但绝望会极大地增加个体自杀的风险。

【小贴士】

如何与轻生者谈话

1. 关切性问候

问候传递的关切是影响轻生者情绪的第一个关键点。"我很担心你。""我是你的朋友，让我来帮助你好吗？""看到你这样我很难过。""到底发生了什么事情？"

2.关注当下

向轻生者发出一些容易执行的邀请和请求，打破轻生者封闭的情绪和恍惚的状态。"给我几分钟，我能和你谈谈话吗？""这儿太危险了，你能往后挪一点儿吗？""这里太冷了，我给你拿杯热水可以吗？""转过头来，拉着我的手你可能会感觉好一点。"

3.情感连接

怀着同理心，表达同理心，回应对方对你的观察和感受，表达对轻生者的鼓励和需要。"看得出来你很难过。""你一定经历了很不容易的心路历程。""这个时候对你来说可能很艰难。""看得出来你做了很多努力。""我很欣赏你的重情重义。""我们的团队怎么能少了你呢？""我们需要你！"

4.探寻需求，寻找解决困难的方法

自杀是轻生者当时认为的解决问题的唯一办法。在与轻生者对话时，要针对轻生者尚存的一丝求生欲望，了解轻生者现实中的具体困难，寻找解决困难的方法。例如，"我们要怎么做你才会放弃自杀计划？""听起来非常不容易，您肯定想了很多办法，现在让我陪您一起想一想，还有没有其他解决办法。"

应对：我们可以做很多

如果你知道或怀疑一个人正处于心理危机中，你能为他做些什么呢？

不要尝试一个人去解决问题

当你发现一个人正处于心理危机之中时，首先，你要考虑找一个同样了解这个人的人一同商量一下，例如，这个人的其他家庭成员或者这个人的亲密朋友。

让对方知道你观察到了什么，你担心的是什么，并邀请他们分享他们与对方接触后可能注意到的任何状况。你也许不知道如何应对可能的心理危机，因此与其他人合作是一个好主意。

虽然保护个人隐私很重要，但在某些时候，应当优先考虑安全问题。

和你担心的人谈谈

不管你是否要和别人一起商量，你都要和你担心的人一起讨论你担忧的点（假设没有明显的理由阻止你这样做）。

选择一个双方都方便的时间（除非对方一直拖延时间），尽可能不带偏见地描述你看到的情况，然后请他给予回应。你的目的是让你担心的人知道你想帮忙，并且愿意与他一起解决问题。

例如，"最近，我注意到你每晚都喝酒，而且常常一次喝好几杯。这看起来和以前有很大的不同，我很担心你。你最近还好吗？"这种话更可能获得积极和合作的回应。如果你去质问对方，例如，"你最近喝得太多了。你是酒鬼吗？"可能就不能获得对方的配合。

这些谈话通常是很难的，所以要做好一系列准备。如果对方觉得最近自己很好，你这样询问可能会让对方觉得很困惑或生气。也许是因为你的担心没有根据，也许是因为你的话正中"靶心"。尽管对方可能因为感到羞耻而变得防御心很强，但是向你担心的人表达你的担心，并请他向你讲述他最近的情况，可能会给对方提供帮助。

作好对方有一定的羞耻感的准备

羞耻感是一个非常重要的问题，因为羞

记下你的心得体会

132

耻感常常伴随着心理上的困难，并且常常阻止一个人公开表达他们内心的挣扎。当一个人没有承担自己的责任，并且为此感到内疚时，他的羞耻感可能会特别突出。

注意到这一点，并让对方知道你已经注意到了他的内疚感和羞耻感，会放大这种内疚感和羞耻感。如果他们并不对自己的行为（如过度饮酒）感到自豪，他们也可能会感到内疚和羞愧，而你的关心可能会让他听出谴责的味道。

因此，你需要尽可能表达清楚：不管他因为什么而感到挣扎，你都爱他且支持他。

留心你自己的焦虑状况

要意识到你自己因他人的问题而产生的焦虑。当你担心别人时，你自己可能会在谈话间产生焦虑等心理问题。例如，如果对方看上去有些回避，你可能会生气，从而使他们更不愿意分享。

当然，指望一个人完全冷静、理性是不现实的，但你要认识到自己因他人的状况感受到的焦虑，这有助于你更有效地处理对方

记下你的心得体会

133

的心理问题。

和对方讨论你可以怎样提供帮助

如果对方出现心理危机，你可以与对方讨论他希望你如何帮助他。

你可以尽可能多地倾听；如果对方不需要专业的帮助，你可以帮助他想一个他可以自主完成的计划来应对他的心理危机；思考是否存在其他可能对他有帮助的资源，例如，为酒精依赖者举办的"匿名互助小组"；为对方提供实际帮助，例如，承担一些责任，腾出时间让他接受治疗；搜索一些心理咨询师或其他能提供帮助的专业人士的信息，如果对方愿意的话，陪他一起去咨询。

如果对方不想得到帮助，你要怎样做

一个人有心理危机并不意味着他做好了接受帮助的准备。如果对方拒绝接受帮助，那么请你牢记以下原则：

尽量保持冷静。用愤怒回应对方的拒绝可能会降低而非提高对方获得帮助的可能性。

将眼光放长远一点。 对方现在没做好准备且不愿求助，并不意味着将来不愿意接受帮助。"将眼光放长远一点"这一原则的前提是，不会发生紧急情况，例如，对方不存在自残或自杀的风险。

保持支持。 确保对方知道你的爱和基本的积极态度，无论他们是否得到你认为他们需要的帮助，你都会爱他们、支持他们。

照顾好自己。 在你所爱的人遭遇心理危机时，你可能也需要额外的心理支持。寻找你最亲近的人，让他陪伴你。如果你认为你需要专业帮助的话，不要犹豫，请寻求专业的心理咨询师。一个专业的心理咨询师可能会为你处理你所爱之人的心理危机提供指导。

记住，最终的决定在对方的手中。我们不愿意看到我们关心的人得不到帮助。要留意自己"他们必须得到帮助"或"我必须说服他们寻求治疗"这样的想法。你能做的最好的事情，就是鼓励对方照顾好自己。即使是孩子，也应让他们觉得自己参与了决策过程。

记下你的心得体会

【知识卡】

心理危机干预的"守门人"
——社区心理健康服务

社区心理健康服务始于20世纪60年代的美国，随后，加拿大、英国、澳大利亚、中国等也开始了相关探索。如今，社区心理健康服务已经是公众认可的预防和治疗心理问题的重要场所。

简单来说，社区心理健康服务以"预防和早期干预"为导向，以"提高个体心理防御力"为目标，为社区居民提供三级预防。初级预防指通过一系列措施预防居民的心理问题，尽可能消除导致心理问题的因素；二级预防指尽早识别心理问题，并对发现的心理问题或者心理危机状态进行治疗和干预；三级预防指社区为心理障碍患者提供良好的康复环境，减少复发率。

通常，国外社区心理健康服务的内容主要包括三方面内容：一是开展心理健康教育，使居民掌握心理健康知识，学习应对压力的办法，养成健康的行为模式，培养和维持心理健康状态。二是提供心理咨询和心理危机干预服务，帮助有心理问题的居民解决心理困惑，对有自杀风险的居民给予危机干预。三是为精神障碍患者提供康复服务，如社区看护服务、家庭随访和康复训练等。

在心理危机干预这件事情上，社区被推到台前，承担重任，主要出自以下三方面的考虑。

第一，社区是人们居住的地方，居民心理上的冲突、人际交往的矛盾、家庭中的纠纷、生命的危机等都会在社区生活中体现出来。社区是发现心理危机信号的首要之地，也是解决这些心理危机最直接的资源。若社区尽早识别出有心理危机的个体，就能有效预防心理危机的发生。

第二，社区是提供服务的大集体。通过组织和提供健身运动、科普宣传、心理健康教育讲座和心理咨询等服务，社区可以帮助居民减轻压力，促进心理健康，成为居民最有利的社会支持系统。

第三，社区是人们联系的桥梁。社区可以将社区中的家庭联系在一起，建立和增强人们的社交联络与应对困难的能力，增强个体的心理承受能力。

在社区开展心理健康服务尤其是心理危机预防和干预，已成为促进居民心理健康，预防心理危机的有效途径。心理危机干预的"守门人"可以是社区中的社会工作者、社区卫生中心的医务人员，也可以是情绪管理师和社区中的每一个人。通过专业培训，"守门人"能够掌握相关的知识、态度和技能，识别高危个体，确定风险等级并将高危个体转介到专业机构接受治疗。

小结

1. 有很多迹象可以帮助我们发现身边人的心理危机。然而，发现身边人的心理危机并不是一件简单的事。有些心理危机可能隐藏得很深，很难被注意。

2. 有些人对自己的心理健康问题感到羞耻，即便在最亲近的人面前，他们也会努力掩饰内心的挣扎。

3. 心理危机的七个迹象可以帮助我们尽快识别心理危机。

4. 应对心理危机的方法：不要尝试一个人去解决问题；和你担心的人谈谈；做好对方有一定的羞耻感的准备；留心你自己的焦虑状况；和对方讨论你可以怎样帮助；如果对方不想得到帮助，你要怎样做。

反思·实践·探究

W 是一名大一男生，性格内向，不善言谈。他总是独来独往，从不跟人结伴，从不参与任何话题的讨论。在生活中，大家都感觉他怪怪的。班上同学对他几乎一无所知。他是哪里人，家里都有谁等，同学都不了解。宿舍同学刘佳反映，W有时候会扇自己耳光，而且还特别大力，嘴里念念有词。室友Z曾看到W用水果刀割自己手臂，虽然不深，但也鲜血直流，Z很震惊，上前帮忙，但W表现得若无其事，并拒绝别人的帮助，任其流淌一会儿再自己去洗手池清洗伤口和包扎，大家都觉得他匪夷所思。但W身上奇怪的事情太多了，大家也就见怪不怪了。W参加了一个学校的汉服社，社团的同学反映他很固执，穿不上他中意的汉服他就会拒绝活动，所以其他同学都会让着他，汉服社社长也注意到W这个有个性的伙伴。有一天，汉服社社长发现W在网络空间发表一条"奇怪的"内容，大意是"从6楼跳下去应该会很舒服吧"，还附一张从楼顶俯拍的照片。汉服社社长感到很惊讶，继续翻阅W以前发表的内容，发现有很多诸如"人活着好没意思""我答应你在我18岁生日的时候就来陪你""18岁生日快到了，我会履行我承诺的"等。汉服社社长曾经参加过心理协会，意识到W可能有危险，就在网络上给W留言，劝他要珍惜生命，不要想不开等。但是，后来，W关闭了自己的网络空间。

1. 本案例中，我们看到W有哪些心理危机迹象？应如何识别W的心理危机迹象并全面评估W的风险？

2. 如何应对W的情况？如何在与W的沟通中主动关怀与倾听、适当给予回应与支持，并提供转介资源与持续关怀？

哪些话可能挽留
一颗绝望的心

危机干预

【知识导图】

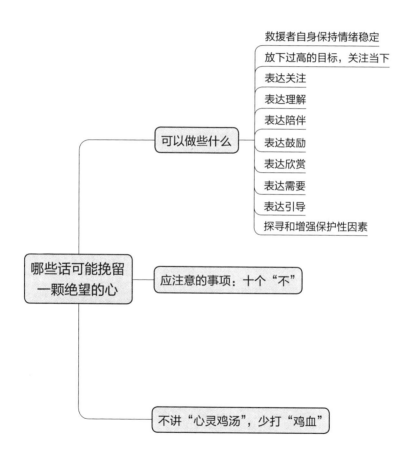

世界卫生组织报告数据显示，全球每年大约有 100 万人死于自杀。为预防自杀和降低自杀率，自 2003 年开始，世界卫生组织和国际自杀预防协会将每年 9 月 10 日确定为"世界预防自杀日"。

遇到轻生者时，与其进行谈判，可能会将他从自杀的深渊中挽救回来。面对轻生者，该如何做？又该如何说？

自杀危机干预时使用的语言和一般的心理辅导的语言并没有很大的不同，只是更强调当下的心理支持和情绪稳定，让轻生者能够更多地倾诉和宣泄情绪，感到自己还能得到社会的支持，恢复自己重新掌控生活的信心。

在救援轻生者时，救援者本身也处在危机和心理应激状态，也会有头脑空白的时刻。如果救援者能够掌握一些规范的语言，甚至将这些语言熟记于心，那么在救援轻生者时，这些规范化的语言可能会起到"救急"的作用。

可以做些什么

救援者自身保持情绪稳定

救援者可以通过腹式呼吸、默数等方式稳定心神，通过"握拳—松开"3 到 5 次，抱一个毛绒玩具或枕头，感受双脚和地面的接触等方式，让自己情绪稳定下来。

救援者调整自己的救援动机：觉察一下自己是为了规避责任，还是为了保护对方？

放下过高的目标，关注当下

放下过高的目标，例如，"一定要把对方救下来""一定要阻止这次自杀""一定要让他放下自杀的念头"。

过高的目标会让救援者失去对轻生者内心的关注，给轻生者带来更大的压力，容易让轻生者产生抗拒心理。

如果将救援目标调整为让轻生者放松下来，让轻生者的情绪得到释放，更有助于让轻生者放下戒备，产生信任，感到能"喘口气儿"。这为后续救援和深入交流创造机会。

记下你的心得体会

表达关注

如果现场可以与轻生者交流，建议使用以下可以让轻生者感到被关注的语言。

1. 建立情感，打破轻生者的自我封闭状态

"我是你的朋友，我是来帮助你的。"

"我想要帮助你。"

"给我几分钟，和你说说话好吗？"

"你能抬头看看我吗？我想帮助你。"

"我很担心你。"

2. 开放式提问，让人感到自己被关注，更愿意倾诉

"发生了什么事让你这么难过？"

"你现在的心情怎么样？"

"你想了哪些办法？"

"你愿意见哪些人？"

"你计划怎么自杀？"

"这一路你是怎么走过来的？"

记下你的心得体会

表达理解

1. 正常化的语言，让对方感到自己不是异类或怪物

"你有这样的感觉是正常的。"

"其他人遇到同样的事，可能也会这样想。"

"你的反应是经历了同样事件的人都会有的。"

"你这样想是可以理解的。"

2. 表达同理心，让对方感到"被看见""被懂得""被理解"

当有人理解自己当下的想法和情绪时，轻生者就和外界有了连接，情绪就能得到一些释放，也更愿意打开心扉，愿意多说一些话。

"这可能让你感到非常痛苦。"

"一路走过来你确实非常不容易。"

"听得出你情绪很低落。"

"我能感到你很痛苦。"

"这件事情让你非常痛苦。"

记下你的心得体会

146

"这一定让你感到很难过。"

"对于你经历的痛苦和危险，我感到很难过。"

"真正艰难的时候，说出来也是很不容易的。"

"看到你这样，我很难过。"

"你是说……（对方的想法）"

"我感到你有些或非常……"（描述对方情绪的词，如"委屈""伤心""绝望""愤怒"等）。

表达陪伴

"我在，我一直在。"

"我就在这里陪着你。"

"我会陪着你。"

"还有我们呢。"

"我会一直陪着你想办法。"

表达鼓励

鼓励轻生者，让他知道虽然现在他的状况很紧急，但事情迟早会过去，建议他要心怀希望，你随时可以为他提供帮助。无论什

记下你的心得体会

147

么时候，当轻生者的自杀动机变得强烈时，要以直接的方式向你求助。

"你现在的情况很紧急，但情况会一点点好起来的，你也会一点点好起来的。"

"你现在可能感到很艰难，解决办法是一天一天进行的。"

"当你自杀的想法变得强烈时，你要第一时间向我们求助。"

表达欣赏

"我很欣赏你的真诚。"

"我感觉你非常善良。"

"看得出你很为别人着想。"

"你让我很感动。"

"听得出来你做了很多努力。"

表达需要

"我们很需要你。"

"我们团队不能没有你。"

"我期待收到你的回复。"

"我等着你的回复。"

表达引导

"你感到最难处理的是什么?"

"你最大的担心是什么?"

"什么对你来说是最重要的?"

"现在发生什么样的改变能让你感觉轻松一点?"

"如果发生一些事情能让你看到解决的希望,那会是什么呢?"

"如果你的朋友遇到同样的境遇,你会怎么劝告他?"

"在这方面你可以多说一点吗?"

"面对这样的情况,你觉得咱们讨论些什么会让你感觉到好一些?"

探寻和增强保护性因素

"当时发生什么让你犹豫了?"

"想到什么你自杀的冲动会减轻一些?"

"是什么阻止了你采取自杀行动?"

"上次站在楼顶时你感到害怕,所以你没有跳,记住这种害怕的感觉。"

"哪些人让你牵挂?"

記下你的心得体会

149

"这么艰难的情况下，你还在坚持，你是怎么做到的？"

"是什么信念在支持着你没有放弃？"

"恐惧也是对生命的敬畏。"

"除了这些糟糕的情况，还有什么美好的回忆和体验呢？"

应注意的事项：十个"不"

不要承诺保守他们自杀的秘密。

不要回避用"自杀"这个词，直接表述有助于讨论。

不要对他们自杀的想法感到震惊或进行争论。

不要和他们讨论自杀是错还是对。

不要认为让他自杀的问题是小事，例如，不要说"这没什么大不了的"。

不要讲你自己的经历，如"我也绝望过，但我熬过来了"。

不要用你的肢体语言传递消极和缺乏兴趣的态度。

不要用激将法，例如，不要说"想怎样

记下你的心得体会

就怎样吧"。

不要试图给轻生者一个精神病学诊断。

不要用让轻生者感到内疚或用威胁的方式预防自杀,如"你的自杀会毁掉别人的生活"。

不讲"心灵鸡汤",少打"鸡血"

劝告是站在一种高高在上的视角说的话,让求助者感到不被理解的同时还有压迫感。

"心灵鸡汤"是一种生活感悟,对自己很有好处,但是对处于心理危机中的人是没有"营养"的,求助者当下最需要的是理解、陪伴和支持,不是劝告。

打"鸡血"是鼓动情绪时的口号,对于想自杀的人来说,打"鸡血"会给轻生者带来极大的压力,这是荒诞可笑的,会破坏救援者和轻生者之间敏感而脆弱的连接。打"鸡血"的话听起来很有用,但其实可能加重有自杀倾向的轻生者的内疚感或羞耻感。

因此,请不要说类似以下的话:

"你千万不要这样想啊!你父母会很伤心的。"

记下你的心得体会

151

"我以前也有过这样的想法，现在也走出来了。"

"别担心，一切都会好起来，你不会有事的！"

"再难的坎儿都会过去的！"

"生命多么美好，每一天都是那么珍贵，我们一起来期待明天的太阳吧！"

"你这么年轻应该珍惜生命，多少心理危机当事者都渴望活下去。"

"明天又是新的一天，一切会变得更好。"

"现在的情况还不算太坏，你应该为自己拥有的一切感到庆幸。"

"你的人生还有许多值得期待的事，你的人生很顺利。"

记下你的心得体会

【知识卡】

世界预防自杀日

为预防自杀和降低自杀率，2003 年，国际预防自杀协会与世界卫生组织将每年的 9 月 10 日确定为"世界预防自杀日"。

2023年，世界预防自杀日的宣传主题是"终生预防自杀"，旨在帮助公众了解诱发自杀行为的危险因素，增强人们应对不良生活事件的能力，预防自杀行为。

根据世界卫生组织发布的数据，全球每年有约80万人死于自杀，几乎每40秒就有一个人死于自杀。这些触目惊心的数字背后承载的是无尽的伤痛：每一个数字都代表着一条生命的消逝，每一次自杀都是一场难以挽回的悲剧，每一颗绝望的心都牵动着无数人的心灵。

自杀，已从个人行为演变成威胁人类发展的一大隐患。

据世界卫生组织估计，全球有5%的成年人患有抑郁症，中国有超过5 400万人患抑郁症。

2019年北京大学第六医院黄悦勤教授团队，在《柳叶刀精神病学》（*The Lancet Psychiatry*）上发表了中国精神卫生调查成果，指出中国成人抑郁症的终生患病率为6.8%。

生命的权利只有一次，是什么导致个体选择用如此极端的方式结束自己的生命？答案是复杂的，但有一点可以肯定：爱是让自杀者悬崖勒马的一剂良方。自杀是个体向内的一种攻击，是个体无奈下的一种选择。如果能及时识别个体的自杀倾向，给予疏导和治疗等，自杀的悲剧是可以避免的。自杀是可预防的。预防自杀需要社会众多部门之间的协调与合作。

小结

1. 自杀危机干预时使用的语言和一般的心理辅导的语言并没有很大的不同，只是更强调当下的心理支持和情绪稳定，让轻生者能够更多地倾诉和宣泄情绪，感到自己还能得到社会的支持，恢复自己重新掌控生活的信心。

2. 救援者的语言可以唤起轻生者面对生活的信心，轻生者最需要的是理解、陪伴和支持，不是劝告。

3. 救援者要掌握一些规范的语言，用规范的语言挽留一颗绝望的心！

反思·实践·探究

电视剧《女心理师》通过一个个故事展现了不同人群遇到的心理问题，该剧特邀北京大学副教授徐凯文博士为首席专家顾问。剧中呈现的"尤娜案例"，涉及原生家庭、亲密关系、校园关系等多个热点话题。第一次，女孩尤娜坐在学校天台拨打心理援助中心的电话，贺顿通过转换问法，女孩尤娜的思维逐渐跟着贺顿走，贺顿循序渐进，先是表示认同她的情绪，然后表示自己愿意倾听她的麻烦，让她站到安全的地方去，从而将她从死亡的边缘拉了回来。

我们来看《女心理师》尤娜案例中干预过程的部分对话：

贺顿：你好，我是中国心理学会的心理咨询师，请您相信我有足够的专业能力可以帮到您。您给我打这通电话是想咨询哪方面的内容呢？

尤娜：我想自杀。

贺顿：是什么原因呢？

尤娜：我不想说。

贺顿：为什么会选择在今天这个特殊的日子呢？

尤娜：我跟别人吵架了，但是话说起来很长。

贺顿：没关系，我有足够的耐心，并且想听你说下去。

回到危机干预现场，尤娜沉默……

贺顿接着说：听你的声音你应该还不到20岁吧，如果我有个弟弟或妹妹，他们也许会遇到你这种无助的情况，如果这个时候有一个人可以倾听他，或许他会好受很多，你说对吗？

尤娜：你有时间吗？

贺顿：我们的热线是24小时开通的，我有充足的时间。

尤娜：为什么他们都不相信我，小哲不是我找人欺负的，东西也不是我偷的，他们为什么不相信我。我想跳下去，证明给他们看，是他们错了。

贺顿：我非常明白你现在的心情，因为他们不信任你，所以你觉得你不被理解不被尊重对吗？

……

贺顿：这样好不好，我们来玩一个游戏，我们给你的自杀冲动打一个分，0分是没有任何冲动……100分是完全不受自己控制。

贺顿：刚刚在天台上，想自杀的冲动是多少分呢？

尤娜：95分。

贺顿：那么这个冲动已经是非常强烈了，可即便是这样，你还是没有完全放弃想要生存的意愿，让你不愿意舍弃生命的这5分，是什么呢？

尤娜：我想到了爸爸妈妈。

贺顿：你想象一下，如果真的自杀了，你会是什么样子的，而你的父母又会变成什么样子呢？真正从高楼跳下去的人，死后都会非常恐怖，巨大的冲击，使骨骼穿透肌肉还有皮肤，甚至连面目都很难分辨出来。

……

1. 心理咨询师贺顿在该案例的危机干预中使用了干预会谈技术，请分析技术是否合理。

2、危机干预是一种特殊的心理咨询过程，心理咨询的基本技术如倾听、共情、提问、情感反应如何在危机干预中得到体现？

危机干预者的自我关照

危机干预

【知识导图】

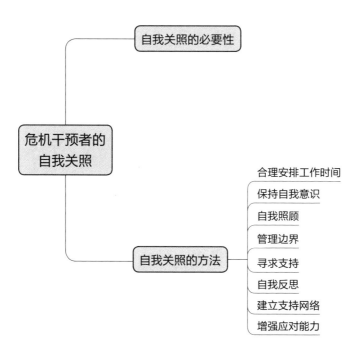

危机干预者在工作中面临着处理他人心理困扰和情绪压力的挑战，因此自我关照是非常重要的。

自我关照的必要性

危机干预者自身的示范是非常重要的。如果危机干预者过度焦虑，求助者也会被感染；如果危机干预者保持冷静、平和，求助者也会感受到理性的力量。积极的互相感染能让危机干预双方受益。如果危机干预者本人很焦虑和恐慌，且无法自我调节，那么这种焦虑会透过各种身体信号传递给求助者。

此外，积极主动的自我管理和自我关照也是危机干预者胜任力的一个重要部分。自我关照不代表危机干预者虚弱无能，而是危机干预者职业生涯中正常的、持续的行为。自我关照也不是危机干预者缺乏专业使命感，相反它是危机干预中符合伦理的职业要求。

最重要的一点——危机干预者要对自

记下你的心得体会

己保持觉察，即真诚面对自己内心的情绪和身心反应，如自己面对重大应激事件时的心理状态，尝试用为求助者提供的方法来缓解自己的焦虑。如果危机干预者不能自己帮助自己，那么可能也很难帮助求助者。如果危机干预者自己有无法排解的情绪压力，那么应该优先照顾自己，让自己放松。

危机干预者要时刻评估自己的胜任力，能够真诚而勇敢地说"不"。觉察自己的状态，不必因为"助人使命"而让自己过于忙碌，也不必因为"专业身份"而死顶硬扛。当危机干预者感觉自己状态不佳时，不参与助人工作正是一种专业和胜任的表现。

危机干预者要知道自己的限制，做自己能做的和能做好的事！危机干预者不要对自己的助人效果期待太高，接纳助人工作和助人者的有限性。"有时是治愈，经常是帮助，总是去安慰"，对危机干预者更加适用！大部分时候，危机干预者无法做到"话到病除"，而只能为求助者送上一份尊重、关心和陪伴。

自我关照的方法

合理安排工作时间

身心健康是有效工作的保障。与心理危机干预相关的工作很多，包括一线干预工作、各类辅助性工作（组织、管理、协调等）、撰写文章等。危机干预者需要合理安排所有的工作。请记住：绝不超负荷工作，绝不当四处奔忙的"救火队员"。今日事今日毕，工作很重要，生活也很重要。厘清你的愿心与情结、精力与面子，合理安排每天的工作时间。此外，一天之中有意识地抽时间离开工作非常重要，这时候你可以与工作之外的人或物在一起，例如，家人、朋友、音乐、歌曲、宠物、花草等。

保持自我意识

保持对自己情绪和心理状态的觉察。注意自己的情绪变化和压力反应，及时寻求支持和帮助。防止替代性创伤。替代性创伤也是一种心理创伤，它不同于亲身遭遇的创伤，它是由目睹或听闻他人的情感性创伤遭

记下你的心得体会

遇，经由共情或类似途径而产生的反应性情感创伤。由于替代性创伤，危机干预者可能产生：跟心理危机当事者同样的情绪情感，例如，同样的悲伤、痛苦、愤怒、绝望；跟心理危机当事者一样认知受限，心理灵活性受损；对心理危机当事者产生不恰当的责任感和保护欲；因为不能有效帮到心理危机当事者而感到内疚、自责和愤怒。

自我照顾

确保危机干预者的基本需求得到满足，包括充足的睡眠、健康的饮食和适度的运动。给危机干预者留出放松和休息的时间，让危机干预者可以参与自己喜欢的活动。

管理边界

危机干预者要学会设定个人和职业的边界，确保自己有足够的时间和空间处理自己的情绪和需求。学会说"不"，并学会将任务委托给他人。

寻求支持

危机干预者要与同事、朋友或家人分

记下你的心得体会

享工作中的经历和感受，寻求他们的支持和理解。危机干预者要参加专业培训和交流活动，与其他危机干预者建立联系。心理危机干预是一项专业性强、消耗身心的工作，危机干预者要在规范的专业组织内工作，个人独立开展工作并不可取。一个规范的专业组织通常具有科学合理的工作机制和管理制度，危机干预者可以获得重要的同辈支持、督导支持，以及有效的应急工作机制。

自我反思

危机干预者要定期回顾和反思自己的工作经历，寻找专业的督导或心理咨询师，接受个人辅导和专业的支持，并思考自己的成长和发展。

建立支持网络

危机干预者要与其他危机干预者建立支持网络，分享经验和资源。同时，危机干预者也要参加专业组织和社区活动，与同行交流和合作。

增强应对能力

危机干预者要学习和发展应对压力和情绪困扰的技能，如放松训练、冥想和呼吸练习，寻找适合自己的应对策略，保持积极的心态。

【知识卡】

"蝴蝶拍"可以改善情绪

天气有阴有晴，心情有好有坏。面对不良情绪，不论是紧张焦虑、失落难过，还是激动气愤，都不建议视而不见、长期压抑，也不建议当场爆发、陷于其中。我们可以掌握一些改善和缓解情绪的方法，做情绪的主人，待内心恢复平静后，再来处理具体问题。

"蝴蝶拍"，又名"蝴蝶拥抱"，是1998年由墨西哥心理学家在墨西哥飓风灾后对幸存者实施心理危机干预时开发出来的技术，后来经过发展，逐渐成为改善情绪，特别是创伤干预的一个重要手段。当我们出现不安、焦虑甚至恐惧时，我们可以用"蝴蝶拍"的方法让情绪稳定下来。

"蝴蝶拍"的具体做法是：双手交叉在胸前，手轻放在自己对侧的肩膀或上臂上，双手交替轻拍肩膀或上臂，左右手各拍一次为一轮，拍打的力度以自己感觉舒服、平静为宜，速度可以缓慢一些，一般一组做8—12轮。在开始练习"蝴蝶拍"之前，尽量找一个安静且能让自己感到安全的地方。在拍打的过程中，可以告诉自己"我现在是安全的"，允许头脑中浮现各种感受、想法、情境和身体的各种感觉，顺其自然、不去评判。拍完一组后停下来，做一次深呼吸，感受当下的体验和安全感。当一组完成后，如果感到喜欢，可以重复上述过程，2—3组后停止。如果在拍打的过程中出现负面或不舒服的体验，且无法自行缓解，请停止，一边深呼吸，一边把注意力拉回到现实中，观察环境中的细节，如周围环境物品的颜色、脚踏地板的感觉等。

小结

1. 危机干预者在工作中面临处理他人心理困扰和情绪压力的挑战，因此自我关照是非常重要的。

2. 积极的互相感染能让危机干预双方受益。危机干预者要对自己保持觉察，即真诚面对自己内心的情绪和身心反应。

3. 合理安排工作时间、保持自我意识、自我照顾、管理边界、寻求支持、自我反思，建立支持网络和增加应对能力，是自我关照的方法。

反思·实践·探究

温暖别人前，要先照亮自己
——一位跨行心理咨询师的成长故事

时光荏苒，一转眼，从 2017 年我转行做心理咨询师已有 6 年，在 2021 年 8 月，我成为注册助理心理咨询师。

刚开始做心理咨询的时候，作为一名心理咨询师，我热情高涨，很想和心理危机当事者在一起，在心理咨询的旅程当中，用咨询师和心理危机当事者的关系去展开探索，尽快帮助他人自助。

我希望陪伴心理危机当事者一起去经历、体验和理解最真实的自己，希望与心理危机当事者共同面对其一直回避的问题，挖掘其隐藏起来的情绪。我希望有一天，当心理危机当事者从心理咨询室走出去时，已经拥有爱和工作的能力，能更好地与这个世界相处。

愿望是美好的，但现实是残酷的。

从业的某个阶段，我遇到了某位心理危机当事者，谈到了一些内容，也许我会下意识地想回避，也许我有一点点沦陷。做完心理咨询后，有时我感到难受、无力、愤怒、伤心，有时我感到焦虑、迷茫、无奈。这些强烈的情绪体验是移情还是反移情，是防御还是阻抗？

有时我甚至分不清这些强烈的情绪体验是我的感受，还是心理危机当事者的感受。有时候我觉得很内耗，有被掏空的感觉，要休整一小段时间才有动力继续做心理咨询。

后来，我的督导师建议我，除了常规的个案督导和团体督导外，我应该去做个人体验，去舒展自己，对自己有更多的觉察，处理自己的一些议题。

如果不处理那部分议题，在心理咨询的当下，我作为心理咨询师会完全自我关注，没有额外的心理空间去识别心理危机当事者的那部分议题，这对心理咨询来说是很大的阻碍。

如果心理咨询师这么脆弱，就很难高效完成心理咨询工作。因为心理咨询师的创伤或情结被唤起，将使心理咨询师在心理咨询过程中丧失对自我的观察，心理咨询师就不能保持中立，也不能从心理危机当事者的角度去理解问题。

我的督导师告诉我，心理危机当事者就是你的一面镜子，温暖别人前，要先照亮自己。如果心理咨询师无法处理自己的情绪，不能成为一个抱持的容器，又怎么能帮助心理危机当事者处理他们的情绪，接纳他们呢？

作为一名新手心理咨询师，个人成长是我整个职业生涯中一个必要的主题。想成为一名好的心理咨询师需要不断地学习，刻意练习并实践、自省和修通。

通过定期的个人体验，不光提升了我的心理咨询能力，同时将我的能力内化。再接类似的个案，我可以更好地检视这些个案，对个案进行更有效的观察。个人体验让我受益匪浅。

1. 本案例中，从这位心理咨询师的经历来看，定期的个人体验提升了心理咨询能力。您觉得危机干预者是否需要个人体验？

2. 觉察是改变的开始。关怀自己不是一个选择，而是危机干预者的职业道德规范和必须做的事。如果你是危机干预者，您将如何关怀自己？如何帮助心理危机当事者梳理问题？如何给予心理危机当事者共情、关怀、陪伴、理解和鼓励？